常熟市历史建筑修缮导则

常熟市历史文化名城保护管理办公室
苏州市计成文物建筑研究设计院有限公司
编著

苏州大学出版社

图书在版编目(CIP)数据

常熟市历史建筑修缮导则 / 常熟市历史文化名城保护管理办公室, 苏州市计成文物建筑研究设计院有限公司编著. -- 苏州: 苏州大学出版社, 2024.9. -- ISBN 978-7-5672-4910-3

Ⅰ. TU746.3-65

中国国家版本馆CIP数据核字第20243VS751号

Changshu Shi Lishi Jianzhu Xiushan Daoze

常 熟 市 历 史 建 筑 修 缮 导 则

编　　著:	常熟市历史文化名城保护管理办公室
	苏州市计成文物建筑研究设计院有限公司
责任编辑:	倪浩文
出版发行:	苏州大学出版社(Soochow University Press)
社　　址:	苏州市十梓街1号　邮编: 215006
印　　刷:	苏州市越洋印刷有限公司
网　　址:	www.sudapress.com
邮购热线:	0512-67480030
销售热线:	0512-67481020
开　　本:	889 mm×1 194 mm　1/16
印　　张:	16.75
字　　数:	496千
版　　次:	2024年9月第1版
印　　次:	2024年9月第1次印刷
书　　号:	ISBN 978-7-5672-4910-3
定　　价:	200.00元

发现印装错误, 请与本社联系调换。服务热线: 0512-67481020

编委会

主　　编：王　奕

副 主 编：戈荣华　薛　青

执行主编：张　皓

编　　委：徐永丽　吕　娜　徐　鹏

　　　　　王文静　戈玉兰　周　敏

　　　　　赵　斌　陈　曦　潘一婷

　　　　　徐　粤　钱晓冬　王　超

　　　　　苏　醒　陈　薇

前　言

常熟是国务院于 1986 年公布的第二批国家历史文化名城之一，拥有深厚的历史底蕴、悠长的人文传统、众多的文化英才。常熟山、水、城融为一体，古城区基本保持着明清城市格局，素有"七溪流水皆通海，十里青山半入城"之美誉，是中国古代城市规划与建设的典范。常熟是江苏省首个被公布为国家历史文化名城的县级市，有着丰富的物质文化遗产和非物质文化遗产，近年来在各级党委、政府的重视和社会各界的共同努力下，文化遗产的保护和传承成效显著，拥有琴川河、南泾堂、西泾岸、南门坛上四个历史文化街区，沙家浜、古里、梅李、尚湖四个历史文化名镇，李市、吕舍、李袁村问村、沈市、观智村天主堂等五个江苏省传统村落，李市村李市、李袁村还是中国传统村落。在这些类型丰富、数量众多的物质文化遗产中，历史建筑是重要的组成部分。

为贯彻落实中央城市工作会议部署和《住房城乡建设部办公厅关于印发〈历史文化街区划定和历史建筑确定工作方案〉的通知》有关要求，2017 年 8 月，市政府将全市范围内具有突出的历史文化价值、较高的建筑艺术价值、体现一定的科学技术价值以及其他价值特色，且未公布为文物保护单位的建筑，如午桥弄 8 号民居、唐市金桩浜陆宅、甸桥村石牌坊等 88 处建（构）筑确定为常熟市第一批历史建筑，以保持历史物质文化遗产的丰富性、多样性和可持续性。2018 年 12 月，第二批 6 处历史建筑被公布。2019 年 12 月，第三批 7 处历史建筑被公布。2022 年 11 月，第四批 7 处历史建筑被公布。2021 年底由常熟市历史文化名城保护管理办公室编制的《常熟市历史建筑保护图录》正式发布。该书收录了全市 101 处历史建筑，包括市区的 76 处和乡镇的 25 处。这些历史建筑的年代跨度从明代至现代，并以清代建筑居多，包括民居、祠堂、行业公所等，还有牌坊和多处桥梁等构筑物。图录通过图片、照片、图纸和文字的形式，介绍了历史建筑的信息数据、历史文化价值、现状保存情况、保护规划范围以及建议的保护方向，形成了一套较为完整的常熟市历史建筑的资料库。

近年来，随着常熟市历史建筑保护与利用引起了越来越多的社会关注，权益相关方的参与合作也愈发紧密，相关的修缮和改造行为亟待准确规范的指引，以避免建设性和修缮性破坏，保障房屋质量安全和居住功能，同时提高全社会对历史建筑保护利用理念、管理流程、保护与利用模式、保护修缮改造技术等方面的认识水平，进而进一步提升常熟市历史建筑保护利用的水平。在常熟市委、市政府的指导下，常熟市住房和城乡建设局、常熟市历史文化名城保护管理办公室的组织下，苏州市计成文物建筑研究设计院编制了常熟市历史建筑修缮导则。

书中修缮设计导则介绍了常熟市历史建筑和优秀传统风貌建筑的概念、类型与重点保护部位的形制与工艺，对历史建筑保护修缮改造工程的设计流程、设计文件深度、设计总体要求、修缮及改造专项技术等提出了导引，供历史建筑产权人、使用人、设计单位和管理部门在历史建筑保护修缮改造工程的设计、方案审查阶段查阅使用。修缮施工导则对历史建筑保护修缮改造工程施工阶段的流程、分类、建筑材料选择与使用、修缮及改造工程做法等提出引导，供历史建筑产权人、使用人、施工单位、监理单位和管理者在修缮改造工程施工及验收阶段查阅使用。两种导则还为关心历史建筑和优秀传统风貌建筑的市民普及相关知识提供了参考资料。

对于历史建筑的保护利用与管理，国家、江苏省、常熟市已有资规、住建、消防等行业与部门规范对相关行为进行约束。本导则可视为对这些相关规范的协调、补充和完善。在保障安全和规范允许前提下，结合实际情况，应尽量贯彻本导则要求。

目　录

第一章　总则与术语 1
 1.1　编制目的 3
 1.2　编制原则 3
 1.3　适用范围 3
 1.4　编制依据与参考 4
 1.5　设计文件编制要求 4
  1.5.1　设计文件编制 4
  1.5.2　其他要求 12
 1.6　施工组织设计内容编制参考 12
  1.6.1　施工组织设计文件包含内容 12
  1.6.2　施工组织设计文件编制深度要求 12
 1.7　常熟市历史建筑名录 14
 1.8　保护利用基本术语 17
 1.9　名词解释 18
  1.9.1　传统木构建筑部分 18
  1.9.2　西式混合结构建筑部分 19

第二章　历史建筑形制与特征 21
 2.1　常熟历史建筑发展概述 23
 2.2　传统木构建筑形制与特征 24
  2.2.1　传统木构建筑基本情况 24
  2.2.2　传统木构建筑重点保护部位 34
 2.3　西式混合结构建筑形制与特征 59
  2.3.1　西式混合结构建筑整体特征 59
  2.3.2　西式混合结构建筑重点保护部位 70
 2.4　构筑物形制与特征 91
  2.4.1　石牌坊 91
  2.4.2　砖石桥 92

第三章　修缮设计 95
 3.1　修缮设计总体要求 97
  3.1.1　一般规定 97
  3.1.2　周边环境保护要求 97
  3.1.3　历史建筑保护修缮要求 97
 3.2　修缮工程设计工作 98

3.2.1	修缮工程设计阶段及工作内容	98
3.2.2	工程性质与修缮方式	99
3.2.3	修缮内容和修缮措施	100
3.2.4	设计文件构成及主要编制内容	101

3.3 传统木构建筑修缮措施 …………………………………………………………………… 101
  3.3.1 屋面 …………………………………………………………………………………… 101
  3.3.2 大木构架 ……………………………………………………………………………… 102
  3.3.3 木基层（椽、板类构件） …………………………………………………………… 104
  3.3.4 墙体 …………………………………………………………………………………… 104
  3.3.5 楼地面 ………………………………………………………………………………… 105
  3.3.6 装折 …………………………………………………………………………………… 106
  3.3.7 地基基础 ……………………………………………………………………………… 107
  3.3.8 恢复格局 ……………………………………………………………………………… 107
  3.3.9 防潮、防腐、防虫工程 ……………………………………………………………… 108

3.4 西式混合结构建筑修缮措施 ……………………………………………………………… 108
  3.4.1 屋面 …………………………………………………………………………………… 108
  3.4.2 主体结构 ……………………………………………………………………………… 109
  3.4.3 楼地面 ………………………………………………………………………………… 112
  3.4.4 装饰 …………………………………………………………………………………… 112
  3.4.5 地基基础 ……………………………………………………………………………… 113

3.5 构筑物修缮措施 …………………………………………………………………………… 113
  3.5.1 构筑物保养工程 ……………………………………………………………………… 113
  3.5.2 构筑物重点修复工程 ………………………………………………………………… 114

3.6 利用工程设计 ……………………………………………………………………………… 114
  3.6.1 适应性改造 …………………………………………………………………………… 115
  3.6.2 生活设施及性能提升 ………………………………………………………………… 115

3.7 抢险加固工程 ……………………………………………………………………………… 118

3.8 迁移工程 …………………………………………………………………………………… 118

第四章 修缮施工 ……………………………………………………………………………… 119

4.1 修缮施工总体要求 ………………………………………………………………………… 121
  4.1.1 修缮施工技术要求 …………………………………………………………………… 121
  4.1.2 修缮施工管理要求 …………………………………………………………………… 121
  4.1.3 修缮施工质量验收与竣工验收 ……………………………………………………… 121

4.2 修缮施工流程与要求 ……………………………………………………………………… 122
  4.2.1 修缮施工流程 ………………………………………………………………………… 122
  4.2.2 施工流程各阶段要求 ………………………………………………………………… 122
  4.2.3 施工组织设计编制要求 ……………………………………………………………… 123

4.3 历史建筑常用材料 ………………………………………………………………………… 123
  4.3.1 常用木材的品种、技术要求及应用 ………………………………………………… 123
  4.3.2 常用砖的品种、技术要求及应用 …………………………………………………… 124

- 4.3.3 常用灰浆的品种、技术要求及应用 ………………………………… 124
- 4.3.4 常用石材的品种、技术要求与应用 ………………………………… 127
- 4.3.5 常用油漆的品种、技术要求与应用 ………………………………… 128
- 4.4 传统木构建筑修缮施工 ……………………………………………………… 130
  - 4.4.1 屋面 …………………………………………………………………… 130
  - 4.4.2 大木构架 ……………………………………………………………… 131
  - 4.4.3 木基层 ………………………………………………………………… 136
  - 4.4.4 墙体 …………………………………………………………………… 136
  - 4.4.5 楼地面 ………………………………………………………………… 137
  - 4.4.6 装折 …………………………………………………………………… 138
  - 4.4.7 地基基础 ……………………………………………………………… 140
  - 4.4.8 防虫防腐 ……………………………………………………………… 141
- 4.5 西式混合结构建筑修缮施工 ………………………………………………… 142
  - 4.5.1 屋面修缮施工 ………………………………………………………… 142
  - 4.5.2 主体结构 ……………………………………………………………… 143
  - 4.5.3 楼地面 ………………………………………………………………… 146
  - 4.5.4 装饰 …………………………………………………………………… 147
  - 4.5.5 地基基础 ……………………………………………………………… 151
- 4.6 构筑物修缮施工 ……………………………………………………………… 151
  - 4.6.1 石材构筑物修缮施工 ………………………………………………… 151
  - 4.6.2 解放后预制钢筋混凝土装配式桥梁修缮施工 ……………………… 152
- 4.7 利用工程修缮施工 …………………………………………………………… 153
  - 4.7.1 设备 …………………………………………………………………… 153
  - 4.7.2 消防 …………………………………………………………………… 154
  - 4.7.3 防雷 …………………………………………………………………… 154
- 4.8 抢修加固工程修缮施工 ……………………………………………………… 154
- 4.9 迁移工程施工 ………………………………………………………………… 154

附录 ……………………………………………………………………………………… 155
- 附录一 传统木构建筑特色 ……………………………………………………… 157
- 附录二 西式混合结构建筑特色 ………………………………………………… 224
- 附录三 构筑物 …………………………………………………………………… 257

第一章 总则与术语

1.1 编制目的

保护常熟市历史建筑及优秀传统风貌建筑,维护和弘扬历史文化名城传统风貌和特色,引导历史建筑的合理利用,规范修缮和改造行为,避免建设性和修缮性破坏,促进城市建设与社会文化的协调发展。根据《历史文化名城名镇名村保护条例》《江苏省历史文化名城名镇保护条例》《常熟市历史建筑保护办法》等有关法律法规以及保护规划、保护图录等相关文件的规定,总结常熟市传统及近现代建筑布局、立面、结构、构件等重点部位的形制与工艺,统一常熟市历史建筑及优秀传统风貌建筑修缮保护工作的内容和技术要求,为常熟市历史建筑及优秀传统风貌建筑的修缮、保护提供技术指导。

1.2 编制原则

历史建筑保护修缮改造应符合《常熟市历史建筑保护办法》《常熟市古城区控制性详细规划》《常熟市历史建筑保护图录》相关法律法规以及管理文件等的要求。

历史建筑的保护,应当遵循统一规划、分类保护、合理利用的原则,确保历史建筑的真实性、完整性、延续性。

真实性:历史建筑重点保护部位的材料、工艺、设计及其环境和它所反映的历史、文化、社会等相关信息的真实性。

完整性:历史建筑本体的各组成部分和其环境之间保持有机整体关系,应给予保护。

延续性:历史建筑保护中,尊重原有使用功能,在兼顾环境、社会和经济效益的前提下进行必要的功能调整和适应性利用。

历史建筑、优秀传统风貌建筑经保护规划、保护图录以及勘查阶段价值评估认定的重点保护部位,其保护修缮应参考文物保护修缮相关的条例,应当遵循最低干预的原则使用恰当的保护技术进行。

最低限度干预原则:应当把干预限制在保证历史建筑安全的程度上,为减少对历史建筑重点保护部位的干预,可对历史建筑重点保护部位采取预防性保护。

历史建筑的保护利用,应当遵循科学规划、分类管理、有效保护、合理利用的原则,在满足保护要求、保持历史建筑核心价值的基础上,鼓励活化利用。

1.3 适用范围

本导则适用于常熟市行政范围内历史建筑保护修缮和利用工程(使用功能提升)的设计和施工。供历史建筑产权人、使用人、设计单位、施工单位和管理部门在历史建筑修缮保护工程设计、方案审查阶段以及施工及验收阶段查阅使用。

1.4 编制依据与参考

《中华人民共和国城乡规划法》
《历史文化名城名镇名村保护条例》
《江苏省历史文化名城名镇保护条例》
《常熟市古城区控制性详细规划（2021年修改）》
《常熟市历史建筑保护办法》
《住房城乡建设部关于加强历史建筑保护与利用工作的通知》
《中华人民共和国文物保护法实施条例》
《文物保护工程管理办法》
《中国文物古迹保护准则》
《古建筑木结构维护与加固技术标准 GB/T 50165—2020》
《木结构设计标准 GB 50005—2017》
《古建筑砖石结构维修与加固技术规范 GB/T 39056—2020》
《近现代历史建筑结构安全性评估导则 WW/T 0048—2014》
《文物建筑防火设计导则（试行）》
《民用建筑修缮工程查勘与设计标准 JGJ/T 117—2019》
《既有建筑鉴定与加固通用规范 GB 55021—2021》
《民用建筑可靠性鉴定标准 GB 50292—2015》
《建筑抗震鉴定标准 GB 50023—2009》
《文物保护工程设计文件编制深度要求（试行）（2017年修订本）》
《苏州历史文化街区（历史地段）保护更新防火技术导则（试行）》

1.5 设计文件编制要求

1.5.1 设计文件编制

设计文件可分为方案设计文件和施工图设计文件。
具体要求及文件编排可参照以下内容（体例可参考下文，抑或根据实际情况进行调整）。

1.5.1.1 方案设计文件编制

（1）方案设计文件组成和编排顺序
① 封面
写明方案名称、设计阶段、设计单位、编制时间。
② 扉页
写明建设单位或委托单位、勘察设计单位，并加盖单位公章和勘察设计资质专用章。写明勘察设计单位法定代表人、技术总负责人、项目主持人及专业负责人的姓名，并经上述人员签名。
③ 目录
④ 概况
⑤ 地理位置与保护区划
⑥ 历史沿革

⑦ 价值评估

⑧ 现状勘察

⑨ 现状评估

⑩ 方案设计

⑪ 工程概算

（2）方案设计编制深度要求

① 概况

根据所掌握的历史资料以及现状勘察等资料，简明扼要地介绍历史建筑地理位置、历史沿革、目前状况以及本次工程拟采取的保护措施等。

② 地理位置与保护区划

A. 地理位置：历史建筑所在的区域位置，可分为市、区、街巷三级。

B. 保护区划总图：历史建筑保护范围应与相关规划相对应，并反映与相关规划的关系；同时也应反映周边环境与其的关系。

③ 历史沿革

A. 历史沿革，主要反映历史建筑的始建和存续历史、使用功能的演变等方面的情况。若有考古调查资料，也应附上。

B. 历次维修情况，说明历史上历次维修的时间和内容，重点说明近期维修的工程性质、范围、经费等情况；若历史上存有较大规模的维修、重建等情况，也应说明。

④ 价值评估

历史建筑价值评估是根据历史资料和现状勘察成果分别阐述其历史价值、艺术价值、科学价值以及社会价值和文化价值。

⑤ 现状勘察

现状勘察文件包括现状勘察报告和现状实测图纸。

A. 现状勘察报告，主要包括现状描述和现状照片两部分内容；此外，因工程需要，须进行工程地质、岩土勘察，建筑结构安全检测，监测等工作的，应将此类工作报告的结论或总结性评估等内容，准确、简要地编制在本章节结尾。同时，应将上述工作报告原件扫描，作为附件编排在设计文件最后，且在目录中表现（名称应为相应报告的全称，并按序编号）。

a. 现状描述，明确项目范围，表述建（构）筑物的形制、年代特征和保存现状，表述病害损伤部位和隐患现象、程度以及历史变更状况，表述环境对文物本体的影响，并列出勘察记录统计表。

b. 现状照片，可采用与现状文字描述相结合的形式进行编制，也可单独编制（独立编制可编排在现状描述之后，抑或编排在现状实测图纸之后）。其重点反映历史建筑的整体风貌、时代特征、单体建筑形制、病害、损伤现象及程度等内容；同时也应反映环境、整体和残损病害部位的关系。现状照片必须真实、准确、清晰，依序编排；并有编号或索引号，有简要的文字说明；与现状实测图、文字说明顺序相符。

B. 现状实测图纸。

a. 区位图：历史建筑所在的区域位置，比例一般为 1∶50000—1∶10000。

b. 保护区划总图：历史建筑保护范围应与相关规划相对应，并反映与相关规划的关系；同时也应反映周边环境与其的关系，比例为 1∶10000—1∶200。

c. 现状总平面图。

反映历史建筑的平面和竖向关系，地形标高，其他相关遗存、附属物、古树、水体和重要地物的位置。

反映工程内容和工程范围。

标明或编号注明建筑物、构筑物的名称。

反映庭院或场地铺装的形式、材料、损伤状态。

反映工程对象与周边建筑物的平面关系及尺寸。

标明指北针或风玫瑰图、比例，比例一般为1∶2000—1∶500。

d. 平面图。

反映建筑的现状平面形制、尺寸。有相邻建筑物时，应将相连部分局部绘出。多层建筑应分层绘制平面图。

反映柱、墙等竖向承载结构和围护结构布置。平面尺寸和重要构件的断面尺寸、厚度要标注完整。尺寸应有连续性，各尺寸线之间的关系准确。标注必要的标高。

标注说明台基、地面、柱、墙、柱础、门窗等平面图上可见部件的残损和病害现象。

建筑地面以下有沟、穴、洞室的，应在图中反映并表述病害现象。

地基发生沉降变形时，应反映其范围、程度和裂缝走向。

门窗或地下建筑等损伤和病害在平面图中表述有困难时，可以索引至详图表达。图形不能表达的状态和病害现象，应用文字形式注明。

比例一般为1∶200—1∶50。

e. 立面图。

反映建（构）筑物的立面形制特征。原则上应绘出各方向的立面；对于平面对称、形制相同的立面，可以省略。

立面左右有紧密相连的相邻建（构）筑物时，应将相连部分局部绘出。

立面图应标出两端轴线和编号、标注台阶、檐口、屋脊等处标高，标注必要的竖向尺寸。

表达所有墙面、门窗、梁枋构件等图面可见部分的病害损伤现象和范围、程度。

比例一般为1∶100—1∶50。

f. 剖面图。

按层高层数、内外空间形态构造特征绘制；如一个剖面不能表达清楚，应选取多个剖视位置绘制剖面图。

剖面两端应标出相应轴线和编号。

单层建（构）筑物标明室内外地面、台基、檐口、屋顶或全标高，多层建筑分层标注标高。

剖面上必要的各种尺寸和构件断面尺寸、构造尺寸均应标示。

剖面图重点反映屋面、屋顶、楼层、梁架结构、柱及其他竖向承载结构的损伤、病害现象或完好程度。残损的部构件位置、范围、程度。

在剖面图中表达有困难的，或重要的残损、病害现象，应索引至详图中表达。

比例一般为1∶100—1∶50。

g. 结构平面图。

反映结构的平面关系，结构平面图可根据表达内容的不同，按镜面反射法、俯视法绘制。

标注水平构件的残损、病害现象及程度、范围。

比例一般为1∶100—1∶50。

h. 详图。

反映基本图件难以表述清楚的残损、病害现象或完好程度、构造节点。

详图与平、立、剖基本图的索引关系必须清楚。

反映构部件特征及与相邻构部件的关系。

比例一般为 1∶20—1∶5。

⑥ 现状评估

现状评估主要内容包括建筑形制评估、保存状况评估和存在问题汇总以及评估总结。

A. 建筑形制评估：包括对建筑外形和构造，所用材料及材质，主要用途和功能，所采用的技术和管理方式以及周边环境等方面内容的评估。同时，还应对历次维修留下的痕迹或改动进行评估。建筑形制评估，即对原状进行甄别，其主要表现为以下几种状态。

a. 未经干预，留存至今的状态。

b. 历史上经过修缮、改建、重建后留存的有价值的状态，以及能够体现重要历史因素的残毁状态。

c. 局部坍塌、掩埋、变形、错置、支撑，但仍保留原构件和原有结构形制，经过修整后恢复的状态；由于长期无人管理而出现的污渍秽迹，荒芜堆积，不属于原状。

d. 价值中所包含的原有环境状态。

情况复杂的状态应经过科学鉴别，确定原状内容；历史上多次进行干预后保留至今的各种状态，应详细鉴别论证，以确定应保留的部位或构件。一处建筑（群）保存有若干时期不同的构件和手法时，经过价值论证，可以根据不同的价值采取不同的措施。

通过建筑形制评估，明确历史建筑的原状，确定应保留的部位、构件及形制（平面格局、体量及工艺做法）等重点保护部位，提出保护建议（包括修缮施工中及日后使用中的保护措施）。同时还应明确非原状状态，结合日后使用功能或利用情况，提出相关建议（调整、拆除或保留等），并阐明相关理由。

B. 保存状况评估：根据现状勘察情况，对保存状况进行评定。评定可引用相关专业单位的鉴定报告；也可按《古建筑木结构维护与加固技术标准 GB/T 50165—2020》或《近现代历史建筑结构安全性评估导则 WW/T 0048—2014》等进行评定，并得出结论。同时还应分析其损伤及病害产生的原因，按评定结果明确修缮的部位或构件，并提出相应的修缮建议。

C. 存在问题汇总：将建筑形制评估中须进行调整的内容和须修缮的部位或构件汇总，并列出相应的工程量。

D. 评估总结：在上述工作的基础上，对历史建筑形制、年代、价值、病害产生原因进行总结，提出现状评估的结论性意见和保护建议（主要包括阐明修缮的必要性，根据病害和问题确定工程性质，确定修缮的理念或拟定修缮方式等内容）。

⑦ 方案设计

方案设计文件包括设计说明、设计图纸以及工程概算三部分内容。

A. 设计说明。

a. 设计依据，包括项目立项批准文件、有关政策法规、已批准的总体保护规划、保护及功能方面的需求（设计委托书有关内容或设计合同有关内容）等。

b. 设计原则和指导思想。

c. 工程性质与修缮方式，根据评估结论，确定工程性质，同一工程包含不同性质的子项工程时（如建筑群中的各个单体建筑），要逐一说明；修缮方式则是针对工程对象的主要或重点问题提出的修缮理念或策略。

d. 工程范围和规模，工程规模应量化。

e. 修缮内容和修缮措施：列举修缮的内容，针对病害采取的修缮防治措施、材料做法的技术要求，必要时可作多种措施的方案比较，并提出推荐方案。采用新材料或涉及建筑安全的结构材料时，应有严格的技术要求和材料的检测报告及质量标准说明。

　　f. 说明与保护措施有关系的地理环境、气象特征、场地条件等。

　　B. 设计图纸。

　　a. 总平面图。

表达工程完成后的建（构）筑物平面关系和竖向关系，反映地形标高及相应范围内的树木、水体、其他重要地物和其他文物遗存，标示工程对象、工程范围和室外工程的材料、做法，标注或编号列表注明建（构）筑物名称。

表达场地措施、竖向设计，包括防洪、场地排水、环境整治、场地防护、土方工程等，标注相关主要尺寸、标高，标注工程对象和周边建（构）筑物的平面尺寸。

标明指北针或风玫瑰图。

比例一般为1∶2000—1∶500。

　　b. 平面图。

主要表述的内容为台基、地面、柱、墙、柱础、门窗等平面图中所能反映、涵盖的工程内容、材料做法。

反映工程实施后的平面形态、尺寸，当各面有紧密连接的相邻建（构）筑物时，应将相连部分局部绘出。以图形、图例或文字形式在图面上表述针对损伤和病害所采取的技术措施，反映原有柱、墙等竖向承载结构的平面布置、围护结构的平面布置和工程设计中拟添加的竖向承载加固的构部件的布置。

标注必要的室内外标高。首层平面绘制指北针。

比例一般为1∶200—1∶50。

　　c. 立面图。

表达工程实施之后的立面形态。原则上应绘出各方向的立面；对完全相同且无设计内容的立面可以省略。当建筑物立面上有相邻建筑时须表明两者之间的立面关系。

立面图要标注两端轴线、重要标高和尺寸，标注柱身、墙身和其他砌体外墙面上采取的工程措施和材料做法，标注门、窗、屋盖、梁枋和其他在立面上有所反映的构部件的工程措施和材料做法，工程内容要尽可能量化。

比例一般为1∶200—1∶50。

　　d. 剖面图。

反映实施工程后的建筑空间形态，根据工程性质和具体实施部位不同，选择能够完整反映工程意图的剖面表达，如一个剖面不能达到上述目的时，应选择多个剖面绘制。

主要表述地面、结构承载体、水平梁枋和梁架、屋盖等在平面图、立面图上所不能反映的构部件的工程设计措施和材料做法。

比例一般为1∶100—1∶30。

　　e. 详图。

反映基本图件难以表述清楚的构件及构造节点。

详图与平、立、剖基本图的索引关系必须清楚，定位关系明确。

表述构部件特征及与相邻构部件的关系。

比例一般为1∶20—1∶5。

　　C. 工程概算。

　　a. 基本要求。

工程概算，应以相应的设计文件为基准进行编制。概算所列项目、数量应与方案设计文件相符，二者不能脱节。

工程概算依据应选择科学、适用的定额；当无定额依据时，允许以市场价格为依据进行编制。

b. 编制依据。

现状勘察与方案设计。

国家有关的工程造价管理的法规、政策。

工程所在地（或全国通用的）现行适用的专项工程和安装工程的概算定额、预算定额、综合预算定额，以及有效的单位估价表、材料和构配件预算价格、工程费用定额和有关规定。

类似或可比工程的造价构成或技术经济指标。

现行的有关材料运杂费率。

因工程场地条件而发生的其他规定之内的工程费用标准。

管理单位或业主提供的有关工程造价的其他资料。

c. 概算书编排内容。

封面（或扉页）。写明工程名称、编制单位、编制日期，应有编制人、审核人签字并加盖编制人员资质证章和法人公章。

概算编制说明书。内容应包括工程概述，说明工程的规模和性质；编制依据，主要说明所选用的定额、指标和其他标准；编制方法和其他必要的情况说明。

概算汇总表。由明细表子目汇总、合成。依次列出直接费、间接费、取费费率、其他费用、合计和总计费用。

概算明细表。依序套用定额子目、编号；无定额及其他标准作为依据的子目，要特别标注清楚。

1.5.1.2 施工图设计文件编制

（1）施工图设计文件组成和编排顺序

① 封面

写明工程名称、编制单位、编制时间。

② 扉页

写明设计单位，并加盖单位公章和勘察设计资质专用章。写明单位法定代表人、技术总负责人、项目主持人及专业负责人、审校人姓名，并经上述人员签名。

③ 目录

④ 施工图设计说明

⑤ 施工图图纸

⑥ 施工图预算

（2）施工图文件编制深度要求

① 施工图设计说明

包括工程概述、技术要求和工程做法说明等几部分内容，其他有关的工程地质、水文地质勘察报告或结构、材料检测评估报告应作为附件，编入设计说明文件。

A. 工程概述。

a. 设计依据：批准的方案设计和批准文件内容。

b. 工程性质：明确工程的基本属性，即保养维护工程、抢险加固工程、修缮工程、改造利用工程、迁移工程等。

c. 工程规模和设计范围。主要表述工程所涉及的范围和子项工程组成情况。

B. 技术要求和工程做法。

着重表述技术措施、材料要求、工艺操作标准及特殊处理手段等方面的内容。一般应按施工工种逐一进行说明。工程中所涉及的新材料、新技术的有关资料或施工要求,应做专项说明。

C. 采用现代材料和结构类型的历史建筑,图纸深度还应符合相关规定。

② 施工图图纸

A. 总平面图。

a. 反映建(构)筑物的组群关系、场地地形、相关地物、坐落方向、工程对象、工程范围等内容。反映出工程对象与周围环境的相互关系。

b. 标注或编号列表说明建(构)筑物名称,注明工程对象的定位尺寸和轮廓尺寸。涉及室外工程时,要在总图上有明确的范围标示;较简单的室外工程,允许直接在总图上标出工程内容和做法;复杂的室外工程,必须另外绘制单项工程图纸。

c. 标明指北针或风玫瑰图。

d. 比例一般为1∶2000—1∶200。

B. 平面图。

a. 反映空间布置及柱、墙等竖向承载结构和围护结构的布置,表述设计中拟添加的竖向承载结构布置,标明室内外各部分标高。

b. 轴线清晰,依序编号,包括:平面总尺寸、轴线间尺寸和轴线总尺寸、门窗口尺寸、柱子断面和承重墙体厚度尺寸、平面上铺装材料的尺寸和其他各种构、部件的定形、定位尺寸。对于单体建筑有相连的、关系密切的建筑物,平面图中要有表达,以明确二者的相互关系。

c. 以图形、图例、文字等形式表述设计采取的技术措施、工程做法。主要表述台基、地面、柱、墙、柱础、门窗、台阶等平面图中可见部位的技术措施和工程做法。平面图中不能表述清楚的工程做法和详细构造,应索引至相应的详图表达。

d. 比例一般为1∶100—1∶50。

C. 立面图。

a. 反映建(构)筑物的外观形制特征和立面上可见的工程内容。原则上应包括各方向立面,如形式重复,而且不须标注工程做法时,允许选择有代表性的立面图。立面图上应详细标注工程部位,以及必要的标高和竖向尺寸。

b. 立面左右有相邻建(构)筑物相接时,必须绘出相接物的局部。

c. 立面图应标画两端轴线,并标注编号。立面有转折,而用展开立面形式表达时,转折处的轴线必须标明。建筑室外地平、台阶、柱高、檐口、屋脊等部位标高,竖向台基、窗板、坐凳、窗上口、门上口或门洞上口、脊高或顶点等分段尺寸和总尺寸均应标注,各道尺寸线之间关系必须明确。

d. 用图形、图例、简注等形式表述能够在立面上反映的工程措施、材料做法,明确限定实施部位。重点表达墙面、门窗、室外台阶、屋檐、山花、屋盖、可见的梁枋、屋面形式和做法等所有立面上可见内容。

e. 比例一般为1∶100—1∶50。

D. 剖面图。

a. 表述地面、竖向的结构支承体、水平的梁枋和梁架、屋盖等部分的形态、构造关系、工程措施和材料做法方面的设计内容。应选择最能够完整反映建(构)筑物形态或空间特征、结构特征和工程意图的剖切位置绘制。如某一剖面不能满足要求时,应选择多个不同的剖切位置绘制剖面图。

b. 剖面两端标画轴线,并注明编号。标注竖向、横向的分段尺寸、定形定位尺寸、总尺寸以及构件断面尺寸、构造尺寸。单层的建(构)筑物应标注室内外地面、台基、柱高、檐口、屋顶顶点的标高,多层建(构)筑物还应标注分层标高。

c. 用图形、图例、简要文字详尽表述设计的技术措施、工程材料做法。重点表述部位为屋面构造、梁架结构、楼层结构、地面铺装铺墁的层次做法、可见的柱和其他承载结构等方面内容。实施范围有清楚界定。

d. 剖面有所反映，但须与其他图纸共同阅读才能反映的内容，除在本图标注外，还必须转引至相关图纸。对于剖面图不能详尽表述的内容，应绘出索引，引至相应的局部放大剖面和详图中表达。

e. 比例一般为1∶100—1∶50。

E. 结构平面图。

a. 反映木结构古建筑的梁架、楼层结构、暗层结构平面布置和砖石结构古建筑、近现代建筑的梁板、基础、支承结构的平面布置。尤其是在其他图纸中难以表述清楚的平面形式和工程性内容。

b. 图面应有清楚的轴线和编号。尺寸标注包括轴线间尺寸、轴线总尺寸、各种构部件的定位尺寸和定形尺寸、结构构件的断面尺寸等。

c. 图面表述的技术性措施、材料做法应重点表述其他图纸难以反映的设计内容和结构形态。难以在图中表述清楚的局部、节点、特殊构造，应采取局部放大平面、详图进行表述。

d. 比例一般为1∶100—1∶50。

F. 详图。

a. 详图表述平、立、剖面等基本图不能清楚表达的局部结构节点、构造形式、节点、复杂纹样和工程技术措施等。凡在工程中须详尽表述的内容，均应首选用详图形式予以表述。

b. 详图尺寸必须细致、准确。难以明确尺寸的情况下，允许用规定各部比例关系的方式补充尺寸标注。表明在建筑中的相对位置和构造关系。详图编号应与基本图纸对应。

c. 如有特殊需要，加绘轴测图。

d. 比例一般为1∶20—1∶5。

③ 施工图预算

A. 施工图预算书基本要求。

a. 预算必须以相应的施工图设计文件为前提编制，预算所列项目、工程量必须与设计文件的相关内容对应。

b. 预算可以采用定额法编制，也可以采用实物法编制。取费标准执行国家和地方的相关规定。

c. 采用定额法编制预算时，必须选择适用定额。某部分项目确实缺乏适用定额时，允许以市场价格为依据编制补充定额，并附综合单价的组价明细与依据。

B. 预算编制依据。

a. 施工图设计技术文件。

b. 国家和工程所在地政府有关工程造价管理的法规、政策。

c. 工程所在地（或全国通用的）主管部门的现行的、适用的工程预算定额和有关的专业安装工程预算定额、材料与构配件预算价格、工程费用定额及有关取费规定和相应的价格调整文件。

d. 现行的其他费用定额、指标和价格。

e. 因工程场地条件而发生的其他规定之内的工程费用标准。

f. 采用实物法编制预算时，工程直接费以市场价为依据，取费标准仍应执行国家和工程所在地主管部门的相关规定。

C. 预算书编排内容。

a. 封面（或扉页）。标写项目或工程名称、编制单位、编制日期，应有编制人、审核人签字，并加盖编制人员资质证照和编制单位法人公章。

b. 预算编制说明书。其内容应包括工程概述，说明工程的性质和规模；编制依据，对所选用的定额、指标、相关标准和文件规定进行清楚的说明；编制方法和其他必要的情况说明。

c. 预算汇总表。由明细表子目汇总、合成。依次列直接费、间接费、取费费率、其他费用和合计费用。

d. 预算明细表。套用定额子目要准确并编号清楚；无定额和其他标准作为依据的子目，要标注清楚。

④ 其他要求

方案设计提交后陆续发现的新的现状勘察资料，应补充在文件中（包括图纸、文字、照片）。

因工程需要直接进行施工图设计时，现状勘察内容须编入施工图设计文件。

1.5.2 其他要求

图纸和文字说明必须完整、准确、清晰，名称、名词应采用行业通用术语。制图应符合规范标准，比例的确定以清楚表达测绘和设计内容为原则。

所有图纸上都应标注出图日期、图名图号，并加盖设计单位勘察设计资质专用章。

所有图纸的汇签栏中都应含有项目负责人、设计人、审校人等的完整签名。

设计文件篇幅较多时，可以按序分册装订。

1.6 施工组织设计内容编制参考

1.6.1 施工组织设计文件包含内容

施工组织设计编制应包括编制说明，工程概况，施工管理目标，管理组织及劳动力和机械配置，施工进度计划和施工总平面布置，质量、安全与文明施工保证措施，施工技术方案等内容。具体编制要求及文件编排可参照以下内容（体例可参考下文，抑或根据实际情况进行调整）。

1.6.2 施工组织设计文件编制深度要求

1.6.2.1 编制说明

（1）指导思想

阐述施工组织设计的作用，确定如何贯彻设计文件和相关法律法规等的理念或思路。

（2）编制依据

列举本项目所涉及的法律法规、政府文件、相关规划、规范、资料以及修缮项目设计方案、施工图文件等的名称，并进行分类。

（3）编制原则

提出修缮施工应遵循的原则，如"不改变原貌、原状""最低限度干预""可逆、可识别"，"保护为主，合理利用"等，具体根据设计文件和项目实际情况确定。

1.6.2.2 工程概况

工程概况：包括工程总体概况和设计概况两部分内容。

工程总体概况包括工程名称、工程地点、修缮对象概况以及建设单位、设计单位、监理单位、施工单位等内容。设计概况包括工程性质，修缮方式、修缮内容和修缮范围（规模）等内容。

1.6.2.3 施工管理目标

（1）工期目标

按合同约定或提前完成施工。

（2）质量目标

达到合格等级标准。或与相关单位（建设单位、施工单位自身及相关单位）另行约定等级标准，但不得低于"合格"标准。

（3）安全目标

应设置安全管理目标，如无重大伤亡事故，无重大设备安全事故，无重大火灾事故，无重大多人中毒事故等，安全防护达标率100%，综合优良率≥50%等（具体数值由施工单位根据本企业内部标准或与发包单位、其他相关单位另行确定）。

（4）其他目标

如"文明工地目标""用户满意目标""科技创新目标"等，具体按实际情况确定。

1.6.2.4 施工部署

（1）施工总体设想

分析修缮对象现状问题，提出工程重点或难点及相对应的措施；抑或对工程的进度、技术、质量、组织管理等要点的把控；本节内容及标题可根据项目实际情况进行编制，亦可取消。

（2）管理组织体系

绘制项目管理人员架构网络图，各岗位实名填写，并叙述各岗位职责。管理人员架构根据项目规模可进行增减。规模较小者可酌情考虑减少管理岗位，但项目经理、施工员、安全员不得兼职。

（3）资源配置

劳动力组织：确定各工种劳动力人数，并按施工进度计划，预估日均用工和高峰期用工数量。

施工机具配置：确定工程所用机具（包括场外预制构件所用机具）名称、数量和功率等。

测量和质量检测器具配置：确定测量和质量检测器具名称和数量。

主要材料、周转材料计划：确定主要材料、周转材料的数量及所需进场时间。

1.6.2.5 施工准备及现场总平面布置图

（1）施工准备

施工准备由技术准备、物质准备、现场准备三部分组成。

技术准备：明确图纸解读、会审，技术交底，预算编制，材料送检以及人员培训等相关要求。

物质准备：确定材料进场、订货计划等要求。

现场准备：确定现场临时搭设，道路、水电、场地以及消防、保安等工作要求。

（2）施工总平面布置图

根据设计图纸及发包单位要求，结合施工方案和所需机械、材料的使用情况，在满足安全文明施工的前提下，按照便捷、紧凑、节约的原则进行施工总平面布置的设计。

1.6.2.6 施工进度计划及工期保证措施

（1）施工进度计划

按合同要求绘制施工进度表，总工期可提前，但不得超过合同约定时间。施工进度计划应根据工程内容、施工顺序，划分施工项目和流水段，同时根据各施工段计算工程量，配置劳动力和施工机具。施工进度计划表建议采用专门的项目管理软件进行编制。

（2）工期保证措施

可从组织体系、进度编制执行、合理的施工方案、有效的技术措施等多方面根据工程实际情况，有针对性地编制工期保证措施。

1.6.2.7 施工技术方案

施工技术方案包括划分施工阶段或确定施工步骤并介绍施工方法。

施工技术方案编制内容可按各分部进行划分，如传统木结构建筑可按屋面、大木构架（柱、梁、枋以及承重、搁栅等）、木基层（椽子、望板、勒望等）、楼地面、墙体（内墙、外墙）、装折（门窗、挂落、栏杆、抹灰、涂料或油漆等）、基础等进行划分；砖混（木、砼）结构建筑，可按屋面、主体结构（屋架、楼盖、墙体）、装饰（门窗、栏杆、抹灰、线脚、吊顶、涂料或油漆等）、基础进行划分。此外，施工方案还应包括脚手架方案、临时支撑方案以及专项方案等内容。

分部工程技术方案应包括施工准备（作业条件，材料及主要机具要求；若材料须进行检测，应提出取样方式、数量以及批次和检测结果要求等内容）、操作流程及工艺、质量控制要点及验收标准、应注意的质量问题、完工后成品保护等内容。此外，根据项目所处季节，编制雨季、冬季施工要点。

1.6.2.8 质量、安全与文明施工保证措施

（1）质量保证措施

包括管理体系，技术复核、分项工程验收制度，技术、质量交底制度，材料管理制度，技术、质量资料管理，关键工序控制，质量预控及检测程序，质量通病防治措施等内容。

（2）安全文明施工保证措施

安全施工保证措施：包括安全管理体系、安全生产制度与管理（安全生产规定、安全防护、施工机具、施工用电、脚手架等）、防灾安全措施等内容

文明施工保证措施：包括施工现场标准化管理、环境保护（水、噪声、扬尘等污染控制）、文明施工（场容场貌管理、道路、材料堆放等管理、施工人员管理、治安管理、施工作业影响管理等）等内容。

1.6.2.9 竣工后回访及保修（略）

1.7 常熟市历史建筑名录

编号	名称	地址	公布时间
320581LS-001	午桥弄8号民居	午桥弄8号	2017–08–31
320581LS-002	午桥弄28号民居	午桥弄28号	2017–08–31
320581LS-003	南泾堂18号民居	南泾堂18号	2017–08–31
320581LS-004	南泾堂60号民居	南泾堂60号	2017–08–31
320581LS-005	山塘泾岸31号民居	山塘泾岸31号	2017–08–31
320581LS-006	山塘泾岸108号民居	山塘泾岸108号	2017–08–31
320581LS-007	中巷72号民居	中巷72号	2017–08–31
320581LS-008	虹桥下塘3号民居	虹桥下塘3号	2017–08–31
320581LS-009	虹桥下塘23号民居	虹桥下塘23号	2017–08–31
320581LS-010	虹桥下塘25号民居	虹桥下塘25号	2017–08–31
320581LS-011	虹桥下塘29号民居	虹桥下塘29号	2017–08–31
320581LS-012	虹桥下塘51号民居	虹桥下塘51号	2017–08–31
320581LS-013	健康巷8号民居	健康巷8号	2017–08–31
320581LS-014	和平街45号民居	和平街45号	2017–08–31
320581LS-015	西言子巷18号民居	西言子巷18号	2017–08–31

续表

编号	名称	地址	公布时间
320581LS-016	原城隍庙建筑	西门大街石梅广场北侧	2017-08-31
320581LS-017	原钟楼湾民居	西门大街西城楼阁内	2017-08-31
320581LS-018	南赵弄20号民居	南赵弄20号	2017-08-31
320581LS-019	秀崖弄14号民居	秀崖弄14号（含秀崖弄10、12号）	2017-08-31
320581LS-020	秀崖弄1号民居	秀崖弄1号（含山塘泾岸36号、秀崖弄3号）	2017-08-31
320581LS-021	乌衣弄3号民居	乌衣弄3号	2017-08-31
320581LS-022	虞阳里2号民居	虞阳里2号	2017-08-31
320581LS-023	虞阳里4号民居	虞阳里4号	2017-08-31
320581LS-024	寺后街32号民居	寺后街32号	2017-08-31
320581LS-025	寺后街16号民居	寺后街16号	2017-08-31
320581LS-026	西言子巷26号民居	西言子巷26号	2017-08-31
320581LS-027	六房湾18、18-1号民居	六房湾18、18-1号	2017-08-31
320581LS-028	后花园弄6号民居	后花园弄6号（含后花园弄2、4、8号）	2017-08-31
320581LS-029	四丈湾55、57号民居	四丈湾55、57号	2017-08-31
320581LS-030	四丈湾77号民居	四丈湾77号	2017-08-31
320581LS-031	缪家湾18号民居	缪家湾18号	2017-08-31
320581LS-032	君子弄47号民居	君子弄47号	2017-08-31
320581LS-033	通河桥弄36号民居	通河桥弄36号（含通河桥弄38、40、42号）	2017-08-31
320581LS-034	青禾家桥一弄2号民居	青禾家桥一弄2号（含青禾家桥4号）	2017-08-31
320581LS-035	梅李北街71号、73号民居	梅李北街71、73号	2017-08-31
320581LS-036	梅李西街40号民居	梅李西街40号	2017-08-31
320581LS-037	君子弄季宅	君子弄44号	2017-08-31
320581LS-038	戚家弄14号民居	戚家弄14号	2017-08-31
320581LS-039	恒盛久记典当行旧址	君子弄42号	2017-08-31
320581LS-040	福民医院旧址	平桥街和穆家弄交界口	2017-08-31
320581LS-041	永宁巷姚宅	永宁巷21、23号	2017-08-31
320581LS-042	上塘街84、86、88号民居	上塘街84、86、88号	2017-08-31
320581LS-043	上塘街曹宅	上塘街48、48-1号	2017-08-31
320581LS-044	老三星副食品商店	君子弄与平桥街之间	2017-08-31
320581LS-045	和平理发店旧址	君子弄与平桥街之间	2017-08-31
320581LS-046	浴春池浴室	平桥街55号	2017-08-31
320581LS-047	西仓前下塘17号民居	西仓前下塘17号	2017-08-31
320581LS-048	东仓街周宅	东仓街81号	2017-08-31
320581LS-049	四丈湾吕宅	四丈湾下塘176号	2017-08-31

续表

编号	名称	地址	公布时间
320581LS-050	四丈湾范宅	四丈湾38、40号	2017-08-31
320581LS-051	税务弄俞宅	税务弄10号	2017-08-31
320581LS-052	山塘泾岸杨宅	山塘泾岸50号（含山塘泾岸48号）	2017-08-31
320581LS-053	河东街张宅	河东街170号后门	2017-08-31
320581LS-054	柳河沿曹宅	柳河沿12号	2017-08-31
320581LS-055	焦桐街朱宅	焦桐街45号	2017-08-31
320581LS-056	焦桐街徐宅	焦桐街3、5号	2017-08-31
320581LS-057	焦桐街强宅	焦桐街43号	2017-08-31
320581LS-058	午桥弄23号民居	午桥弄23号	2017-08-31
320581LS-059	午桥弄29号民居	午桥弄29号（含午桥弄25、27号）	2017-08-31
320581LS-060	南泾堂78号民居	南泾堂78号	2017-08-31
320581LS-061	唐市金桩浜陆宅	沙家浜镇唐市金桩浜45、46号	2017-08-31
320581LS-062	唐市金桩浜邹宅	沙家浜镇唐市金桩浜3号	2017-08-31
320581LS-063	唐市金桩浜陈宅	沙家浜镇唐市金桩浜24、25号	2017-08-31
320581LS-064	唐市中心街陈宅	沙家浜镇唐市中心街108、110号	2017-08-31
320581LS-065	唐市中心街杨宅	沙家浜镇唐市中心街95号	2017-08-31
320581LS-066	唐市仁和医院旧址	沙家浜镇唐市中心街72、74号	2017-08-31
320581LS-067	唐市中心街26、28号民居	沙家浜镇唐市中心街26、28号	2017-08-31
320581LS-068	唐市北新街朱宅	沙家浜镇唐市北新街24号	2017-08-31
320581LS-069	唐市北新街许宅	沙家浜镇唐市北新街22、23号	2017-08-31
320581LS-070	支塘北街35号民居	支塘镇北街35号	2017-08-31
320581LS-071	吴铨叙旧居	支塘镇旅馆弄7号	2017-08-31
320581LS-072	预和医院旧址	菜园弄12号	2017-08-31
320581LS-073	徐市忠恕堂（程飞白故居）	董浜镇徐市东街	2017-08-31
320581LS-074	徐市东街37号民居	董浜镇徐市东街37号	2017-08-31
320581LS-075	徐市东街35号民居	董浜镇徐市东街35号	2017-08-31
320581LS-076	徐市东街30号民居	董浜镇徐市东街30号	2017-08-31
320581LS-077	徐市西街8-10号民居	董浜镇徐市东街8-10号	2017-08-31
320581LS-078	衣庄公所旧址	南门大街18号	2017-08-31
320581LS-079	醉尉街张宅	醉尉街10号	2017-08-31
320581LS-080	古里继善堂	古里镇后街14号	2017-08-31
320581LS-081	塔湾顾宅	塔湾66、67号	2017-08-31
320581LS-082	董浜邵宅	董浜镇镇区卫生服务站西侧	2017-08-31
320581LS-083	甸桥村石牌坊	甸桥村山前塘	2017-08-31
320581LS-084	冯班墓石牌坊	北门大街小山台下	2017-08-31

续表

编号	名称	地址	公布时间
320581LS-085	支塘虹桥	支塘镇白茆塘与盐铁塘交汇口	2017-08-31
320581LS-086	合兴坊	南新街南端	2017-08-31
320581LS-087	濮河桥	辛庄镇吕舍村西桥头	2017-08-31
320581LS-088	红桥	沙家浜镇鱼田泾和尤泾河交界处	2017-08-31
320581LS-089	山前街祠堂	山前街78号	2018-12-05
320581LS-090	孝义桥	河东街北端西侧琴川河上	2018-12-05
320581LS-091	常熟书厅旧址	君子弄57号（原君子弄59号）	2018-12-05
320581LS-092	新建路10号民居	新建路10号	2018-12-05
320581LS-093	沈市反修桥	梅李镇沈市村东侧盐铁塘	2018-12-05
320581LS-094	四丈湾清代厅堂	四丈湾180号（原常熟市棉纺织有限公司内东南角）	2018-12-05
320581LS-095	祝家河王宅	祝家河7号	2019-12-26
320581LS-096	义庄弄倪宅	义庄弄4-1号	2019-12-26
320581LS-097	四丈湾周宅	四丈湾43号	2019-12-26
320581LS-098	文昌弄8号民居	文昌弄8号	2019-12-26
320581LS-099	新都大戏院旧址	君子弄	2019-12-26
320581LS-100	浒浦刘宅	浒浦老街	2019-12-26
320581LS-101	新胜桥	漕泾新村一、二区与虞园新村之间的耿泾塘上	2019-12-26
320581LS-102	粉皮街15号民居	虞山街道粉皮街15号	2022-11-11
320581LS-103	倚晴园	虞山公园	2022-11-11
320581LS-104	虞山公园湖心亭	虞山公园	2022-11-11
320581LS-105	老杨家桥	琴川街道江南大厦南侧约100米	2022-11-11
320581LS-106	李市大街63号民居	古里镇李市村李市大街63号	2022-11-11
320581LS-107	李市供销社	古里镇李市村西街27号	2022-11-11
320581LS-108	惠绥桥	古里镇李市村石板街北端	2022-11-11

1.8 保护利用基本术语

术语	说明
历史建筑	历史建筑，是指经市、县人民政府确定公布的具有一定保护价值，能够反映历史风貌和地方特色，未公布为文物保护单位，也未登记为不可移动文物的建筑物、构筑物
重点保护部位	经现场勘察、价值评估、保护规划认定的，并通过保护图则确定需要保护的建筑空间格局、主要立面、平面布局、特色构建、材料、构造、装饰以及历史环境要素等能够反映历史建筑的历史、科学和艺术价值的相关要素
保养维护工程	指不改动历史建筑结构、外貌、装饰、色彩，针对其轻微损害所做的日常性、季节性养护

续表

术语	说明
重点维修和局部复原工程	指为保护历史建筑所必需的结构加固处理和维修。其要求是保持历史建筑现状或局部恢复其原状。恢复原状包括恢复已残损的结构和改正历代维修中有损原状以及不合理的增添或去除的部分。对于局部复原工程，应有可靠的考证资料为依据
利用工程	在保持历史建筑风貌和结构体系的前提下，根据使用功能对建筑本体进行的空间改造、结构补强、设备增补等的工程。利用工程所采取的各项措施应具有可逆性及可识别性
抢险加固工程	指历史建筑突发严重危险、受条件限制且不能进行彻底修缮时，对历史建筑采取具有可逆性的临时抢险加固措施的工程
迁移工程	指因保护工作特别需要，对历史建筑无法实施原址保护且并无其他更为有效的手段时，所采取的将历史建筑整体或局部搬迁，异地保护的工程

1.9 名词解释

1.9.1 传统木构建筑部分

术语	说明
正间	建筑物居中之一间
次间	建筑物正间两旁之间
进深	建筑物由前至后的深度，总深度称"总进深"
开间	亦称面阔。建筑物正面檐柱间之距离、建筑物正面之总长称"共开间"
阶沿石	沿阶台台基四周之石条
副阶沿石	亦称踏步。阶沿自尽间阶沿以下之石级，比阶台低一级
鼓磴	柱底磴与礩石间之托垫构件，因其有花纹与否，而有花、素鼓磴之分
礩石	鼓磴下所填之方石，与阶沿石平
花街铺地	以砖、瓦、石片等铺砌地面，构成各式图案
厅堂	较普通平房构造复杂，其构造材料用扁方者，称为扁作厅，用圆料者则称圆堂
贴式	建筑物之架构、梁、柱等之构造式样
正贴	架构之位于正间者
边贴	梁架位于山墙之内者
廊	建筑物之狭而长，用以通行者
界	两桁之间的水平距离，为计算进深之单位
轩	厅堂内的一种屋架形式，深一界或两界，其屋顶架重椽
内四界	建筑物以连续四界承以大梁，支以两柱，此构架形成的区域，称内四界
大木	建筑的骨干木架
草架	凡轩及内四界，铺重椽，作假屋时，介于两重屋面间之架构，内外不能见者，用以使表里整齐
柱	直立承受上部重量之材
大梁	架于两步柱上之横木，为最长柁梁之简称
桁	置于梁端或柱端，承载屋面荷重的纵向连系的圆木构件

续表

术语	说明
提栈	为使屋顶斜坡成曲面,而将每层桁较下层比例加高之方法
椽	排列于桁上,与桁成正角排列,以承望砖或望板,及屋顶之木材。横断面或圆或方
飞椽	钉于出檐椽之上,椽端伸出,稍翘起,以增加屋檐伸出之长度
出檐	屋顶伸出墙及桁外之部分
重檐	凡建筑物有二重出檐者
搁栅	承托楼板的枋子
楼板	楼面所铺之木板,与搁栅成直角
小木	做建筑物装修的木工种
将军门	等级较高、面阔较宽的一种大门,门之装于门第正间脊桁之下,两侧还带束腰式门板
矮闼	上部留空,下作裙板之门户
长窗	窗之通长落地,装于上槛与下槛之间者
半窗	窗之装于半墙之上者
栏杆	筑于建筑物之廊、门或阶台、露台等处之短栅,以防下坠之障碍物,有时亦用于窗下者
挂落	柱间枋下之木制构件,似网格漏空之装饰
墙	建筑物中各部墙壁的名称,用砖石叠砌之隔断物
山墙	建筑物两端山形之墙。其超出屋面,起防火和装饰作用
空斗砌	也称斗子砌,墙垣砌法之一。以砖纵横相砌,中空似斗。有单丁、双丁、三丁、大镶腮、小镶腮、大合欢、小合欢等式
垛头	山墙伸出廊柱以外部分
正脊	屋顶前后两斜坡相交而成之瓦脊。有用板瓦叠砌,有用预制的脊筒瓦,形式很多。两端常做有甘蔗、雌毛、纹头、哺鸡、哺龙等样式
发戗	房屋于转角处,配设老戗、嫩戗,使屋角翘起之结构
牌科	由方块状的斗,弓形的拱等层层叠置的组合构件。位于屋檐下合梁柱交接处

1.9.2 西式混合结构建筑部分

术语	说明
西式混合结构(Western-style hybrid building construction)	本导则中的西式混合结构建筑,主要指清末至民国时期历史建筑,强调其结构体系类型和建造方法的中西混合性特征,既体现了西方建造体系影响,又呈现不同程度本土性技术特征
柱廊(Colonnade)	建筑物外墙前成排列柱所构成的廊,柱的布置符合建筑的结构或装饰关系。它们既可以排成一条直线也可以排成圆弧形
外廊(Verandah)	房间外的主要交通过道,类似于阳台,绕房屋一边、两边或者四周延伸
壁柱(Pilaster)	由台基、柱身和柱头构成,半嵌在墙中并凸出少许,也可作为墙本身的突出部分建造
石库门(Lilong gate)	门框用石条砌成的大门,该名称可能是"石箍门"之讹写,由于上海等地近代建筑的大门用长石条为"箍",而被称为"石箍门"
灰缝(Pointing)	砌墙时砖与砖之间用灰浆黏结后抹出的缝线

续表

术语	说明
拱券（Arch）	一种西式混合结构建筑基本结构构件，横跨洞口的上方，由楔形砌块建成以便相互之间固定在原位，并且将多重荷载产生的垂直压力传递至侧面相邻的拱座上
拱顶石（Key stone）	起拱心石作用的装饰性支撑件
线脚（Moulding）	建筑上的线脚一般是指檐口线脚。线脚是通过线的高低而形成的阳线和阴线，以及面的高低而形成的凸面和凹面来显示的。面有圆方，线有宽窄、疏密，因此就形成了千姿百态的线脚
柱头（Column capital）	柱头是柱子的重要结构，柱子的作用是把上部结构（如梁）传来的荷载通过它传给基础
屋顶桁架（Roof truss）	一种由主椽、系梁、中柱、斜角撑等构件组成的屋架结构
系梁（Tie beam）	民国时期又称大料，在屋架结构中，将相对的两个椽子在其底端连接起来防止分离的水平横木
人字木（Principal rafter）	主椽，从屋顶到墙体的连续椽，被水平系梁拉结使屋架结构更加坚固
中柱（King post）	从斜椽顶点延伸至桁架底端和屋顶椽子之间系梁的垂直构件
斜角撑（Strut）	抵抗长度方向压缩力，无论垂直、水平或者对角的支撑构件
搁栅（Joist）	放在梁或大梁上来支承铺面、铺地石板或者天花板的板条或钉板条的木条。属于楼盖的一部分
防潮层（Damp-proof course）	为了防止地面以下土壤中的水分进入砖墙而设置的材料层
水落（Gutter）	又称檐沟，屋檐处的金属或木制浅沟，用于将雨水汇集至落水管
水落管（Down pipe）	也称雨水管、落水管，是把檐沟里的雨水引到地面或下水道的竖管，多用石棉水泥、镀锌铁皮等制成
通风口（Vent）	指一些房屋墙壁或屋顶的一些换气通风的小孔
毛粉刷（Stucco）	即粉饰灰泥，由石灰、水泥、砂和水混合而成室外细腻的灰泥饰面，用于装饰工程或者线脚，通常有纹理
磨水泥（Terrazzo）	即磨石子混凝土，现浇或者预制研磨光滑的大理石骨料混凝土，用于墙面或地面装饰图层
水泥花砖（Cement tile）	又称蜡画法水泥砖，指预制模具并用天然色料、白水泥按比例拼砌，具有观赏效果的建筑材料
规准砖（Gauged brick）	被切割或研磨成具有精确尺度的砖
模制砖（Moulded brick）	用模具制成的具有特殊形状的砖，通常用于墙体转角、立面线脚等装饰部位

第二章 历史建筑形制与特征

2.1 常熟历史建筑发展概述

常熟地区的历史建筑类型丰富、数量众多。2021年发布的《常熟市历史建筑保护图录》收录了超过100处历史建筑，这些历史建筑可分成三类：传统木构建筑、西式混合结构建筑、构筑物。常熟传统木构建筑以清代建筑为主，也有少数清末民初及民国建筑；西式混合结构建筑主要指近现代建筑，体现中西建筑体系的融合；构筑物主要包括石牌坊、砖石桥。这些建（构）筑物从明清至建国初期，在政治、经济、文化的影响下，经历了从传统到近现代化的转变，有着较清晰的发展脉络，以及较鲜明的常熟地区特色。

从明代至清末，常熟历史建筑沿袭江南建筑营造传统，在布局形式和结构技术上，呈现典型的江南传统建筑特征。这个阶段的历史建筑主要包含民居与公共建筑两大类，其中绝大多数为民居，公共建筑则包括宗教建筑、祠堂、公所、书厅、商铺等不同功能类型。整体而言，传统建筑体量较小，通过不同的院落组合和排布方式，形成小尺度的传统城市平面肌理。在格局上，民居以一至四进为主。其中，社会平民民居以两进最多，小康阶层民居以三、四进居多，三进或四进多为二层楼厅。此外还有多路民居并置的形式。立面上沿袭江南传统建筑三段式布局，并应环境做出变化，如沿街常为下店上宅、前店后宅的模式，沿街设支摘窗，沿河设码头等。结构类型上，常熟传统建筑体现了苏南营造技艺的滥觞和传承。基础以砖石为主；其上为木框架结构，由起承重框架的木结构和起围护作用的砖墙、门窗组成；正贴类似抬梁式构架，边贴中柱落地。屋架的提栈与宋代举折、清代举架有所不同，赋予了常熟建筑独特的屋面坡曲线。

1840年鸦片战争前后，常熟历史建筑开始了近现代化的进程，整体来看既受到西方建造体系影响，又不同程度上保留着本土性技术特征。在建筑类型上，出现了一些新公共建筑类型，如理发店、剧院、医院、公共浴室等。此外，这个时期的私人住宅建筑，也在形制、材料和工艺方面发生了不同程度的发展和演变。建筑体量上，民国时期的公共建筑依据近现代的平面设计方法，整体体量较大，与周围建筑关系相对独立，形成了中尺度的近现代城市平面肌理。平面格局上，从传统"方格网"规整布局，逐渐转变为根据实际功能大小布局的方式，出现了外廊、内廊等空间布局形式，局部出现曲线弧形墙体分隔，平面形态趋于多样化。立面上，受到西方影响出现新的装饰要素，包括柱廊、外廊、拱券、线脚、山花、壁柱等。剖面上，出现新的天井、天窗做法，形成有别于传统的室内外关系。结构体系上，逐渐从清代传统的木结构承重，转变为砖木混合承重、墙承重，并开始使用西式桁架屋顶，使得建筑内部空间布置更加灵活。在新建筑活动中，常熟的近代营造业运用了近代的新材料、新结构、新设备，掌握了近代施工技术和设备安装，从而形成了一套新的技术体系和相应的施工队伍。

总体而言，常熟地区的历史建筑经历了数百年变迁，形成了以木结构承重为特点的传统建筑和以西式混合结构为特点的近现代建筑，保持着因地制宜、因材致用的传统品格和地方特色，是常熟地区文化遗产的重要组成部分。因此，本导则根据形制工艺特征，将常熟历史建筑分成传统木构建筑、西式混合结构建筑、构筑物三大类，在下文中从整体特征和重点保护部位两个方面详细阐述。

2.2 传统木构建筑形制与特征

2.2.1 传统木构建筑基本情况

2.2.1.1 主要类型

常熟历史建筑中的传统木构建筑以清代建筑为主，也有少数清末民初及民国建筑。这些建筑时代序列清晰，完整反映出常熟建筑样式及类型的转变，及人民生活方式的转变。

在这些传统历史建筑中，主要有公共建筑和住宅两大类。其中绝大多数为住宅，包括小型住宅（一字形、L形、三合、四合）、多进大宅以及和商业结合的下商上居、前商后居的住宅类型。公共建筑包括宗教建筑、祠堂、公所、书厅、商铺、私人诊所等丰富的种类。

2.2.1.2 建筑体量及布局

从总平面可见，在建筑体量上，传统建筑体量较小，通过院落组合和排布方式形成小尺度的传统肌理。建筑以坐北朝南为主，也有顺应地形、环境变化为其他方向的布局（图 2.2.1.2-1、图 2.2.1.2-2）。

图 2.2.1.2-1 历史街区鸟瞰照片

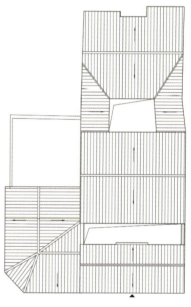

图 2.2.1.2-2 新建路 10 号民居屋顶平面

2.2.1.3 平面格局

常熟地区传统木构建筑的平面形制，在功能上主要有店（坊）宅混合型民居和纯居住型民居两类。前者根据产业与居住两种功能的空间分布可分为下店（坊）上宅、前店（坊）后宅两种类型，该类民居通常为一进至三进宅院，三进以上宅院较少。纯居住型民居即内部功能和空间布局均围绕日常居住要求布置的传统民居，该地区大部分传统民居为纯居住型。

在格局上，该地区民居包括一至多进各类民居，其中三进民居较多，单进民居最少；社会平民民居以一至二进民居为主，两进居多；小康阶层居民民居以三至多进民居为主，三、四进居多，多于四进的较少，三进或四进常为二层楼厅。此外，还有多路民居并置的形式，一般是该户人家子孙成家，在老宅边建新居，形成边路，中间由避弄（备弄）相连，如午桥弄 29 号民居，四丈湾 55、57 号民居等。

(1) 建筑特征

常熟地区多进民居中建筑单体多见三开间，部分建筑单体为五开间。其中三开间建筑多出现于一至三进。三开间建筑本体面阔范围在 8—11 米左右，进深范围 4.2—7 米，面阔/进深 1.07—2.52。该地区五开间建筑单体多数出现于四进院落及以上的后两进建筑。五开间单进面阔范围 10—21 米，进深范围 4—10 米，面阔/进深 1.47—3.26。（图 2.2.1.3-1—2.2.1.3-3，表 2.2.1.3-1）

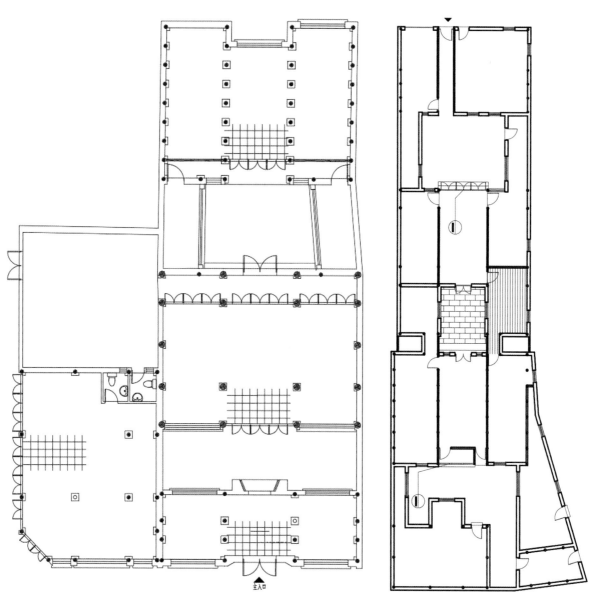

图 2.2.1.3-1　三进民居（新建路 10 号民居）　　　图 2.2.1.3-2　四进民居（四丈湾范宅）

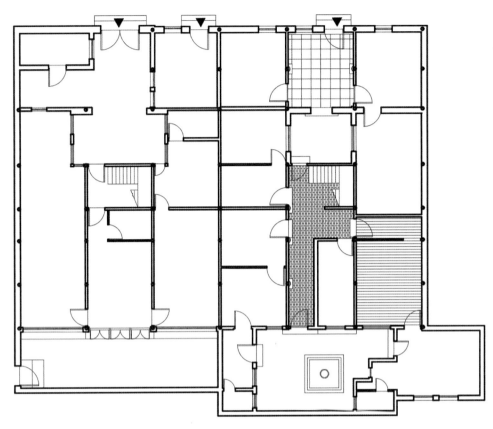

图 2.2.1.3-3 多路民居（午桥弄 29 号民居）

表 2.2.1.3-1 建筑特征案例表

建筑信息	典型屋顶平面	数据备注
寺后街 16 号民居（单进民居）	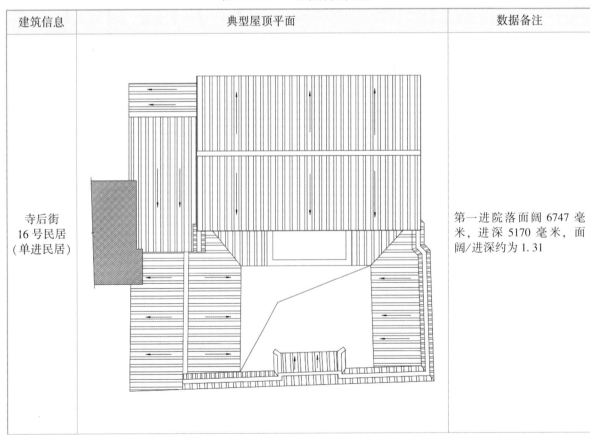	第一进院落面阔 6747 毫米，进深 5170 毫米，面阔/进深约为 1.31

第二章 历史建筑形制与特征

续表

建筑信息	典型屋顶平面	数据备注
浒浦刘宅 (两进民居)	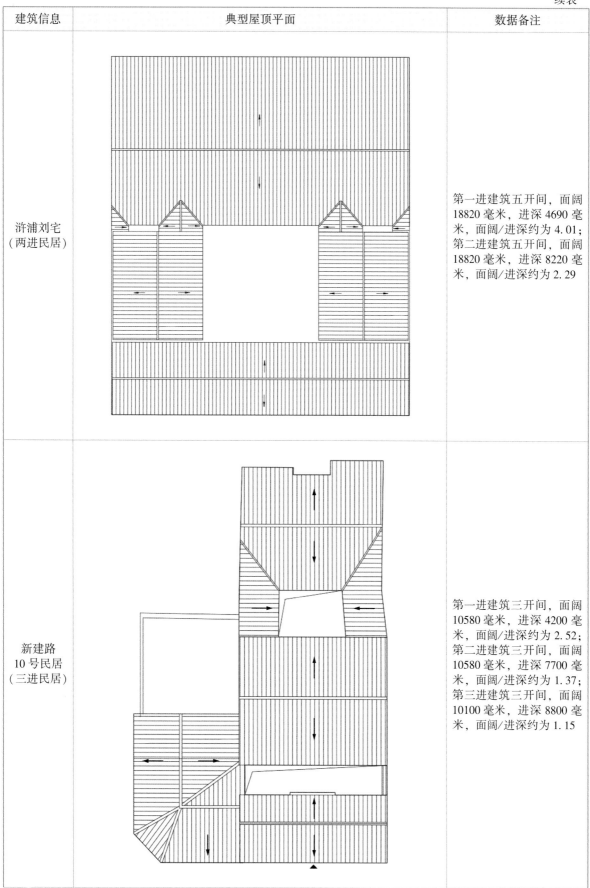	第一进建筑五开间,面阔18820毫米,进深4690毫米,面阔/进深约为4.01;第二进建筑五开间,面阔18820毫米,进深8220毫米,面阔/进深约为2.29
新建路10号民居 (三进民居)		第一进建筑三开间,面阔10580毫米,进深4200毫米,面阔/进深约为2.52;第二进建筑三开间,面阔10580毫米,进深7700毫米,面阔/进深约为1.37;第三进建筑三开间,面阔10100毫米,进深8800毫米,面阔/进深约为1.15

续表

建筑信息	典型屋顶平面	数据备注
四丈湾范宅（四进民居）	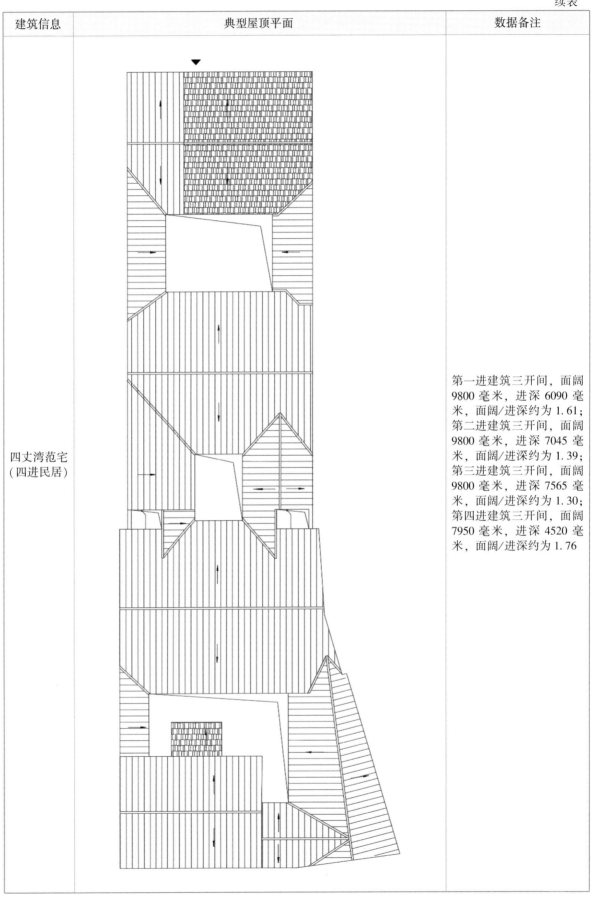	第一进建筑三开间，面阔9800毫米，进深6090毫米，面阔/进深约为1.61；第二进建筑三开间，面阔9800毫米，进深7045毫米，面阔/进深约为1.39；第三进建筑三开间，面阔9800毫米，进深7565毫米，面阔/进深约为1.30；第四进建筑三开间，面阔7950毫米，进深4520毫米，面阔/进深约为1.76

（2）院落特征

常熟传统民居院落界面，一般由前后厅及两侧厢房（廊）围合成矩形。中路轴线上的各进院落以矩形为主，左右对称，一般横向宽较纵向进深略大些。尺度方面，常熟传统民居中院落深度一般近似厅堂进深，宽同厅堂建筑的宽度或减去两侧廊厢的宽度，呈扁长方形。这样的浅进深庭院可以减少阳光直射；围合院落的墙或楼相对于进深来说比较高，利于形成较强的对流风，这两个因素同时作用使院落和室内更加阴凉；而且厅堂通过院落围墙的光线反射而日照柔和、居住舒意。（表2.2.1.3-2）

表 2.2.1.3-2　院落特征案例表

建筑信息	典型屋顶平面	数据备注
浒浦刘宅	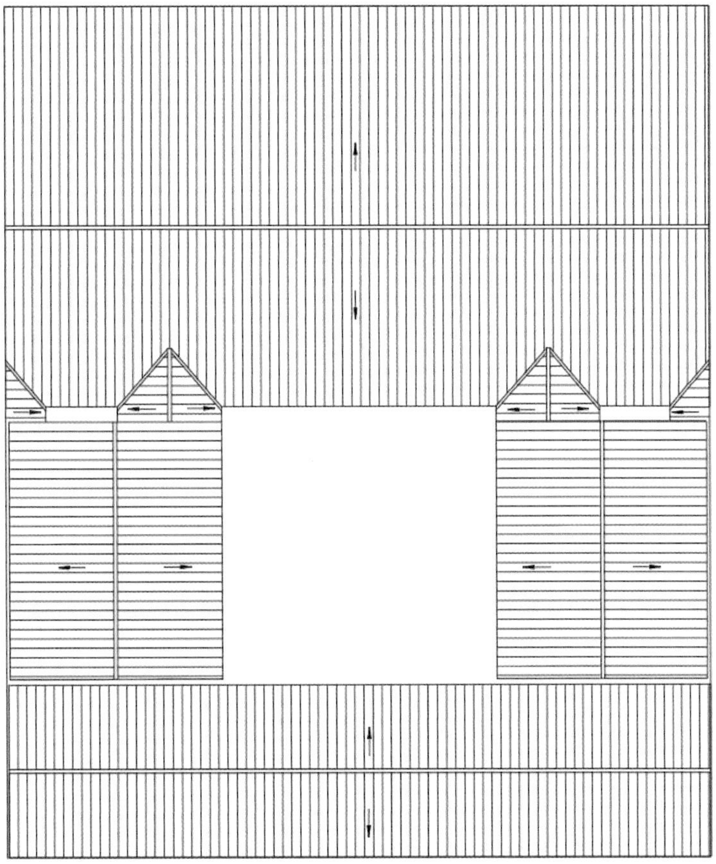	第一进院落面阔 7540 毫米，进深 6480 毫米，面阔/进深约为 1.16，两侧均有厢房

续表

建筑信息	典型屋顶平面	数据备注
古里继善堂		第一进院落面阔 7000 毫米，进深 4800 毫米，面阔/进深约为 1.46，单侧有厢房

续表

建筑信息	典型屋顶平面	数据备注
新建路10号民居	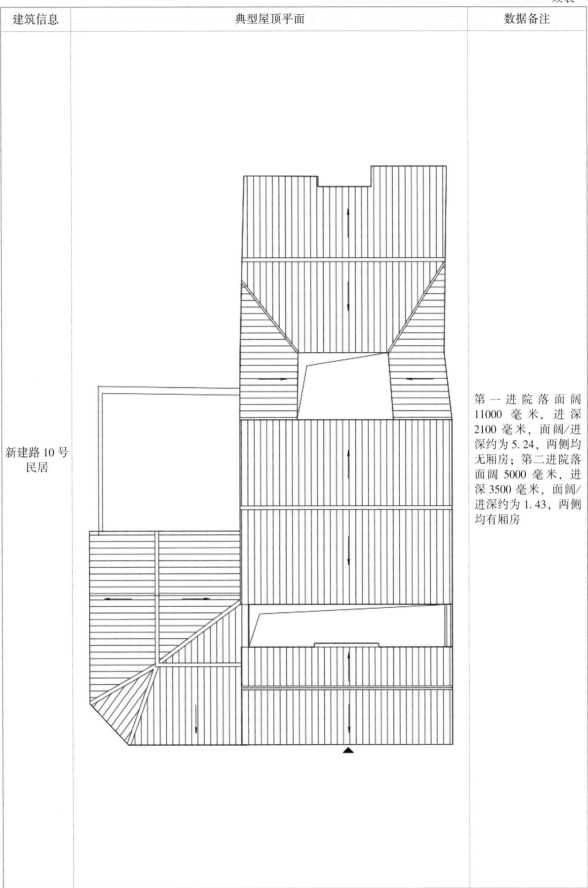	第一进院落面阔11000毫米，进深2100毫米，面阔/进深约为5.24，两侧均无厢房；第二进院落面阔5000毫米，进深3500毫米，面阔/进深约为1.43，两侧均有厢房

续表

建筑信息	典型屋顶平面	数据备注
四丈湾清代厅堂	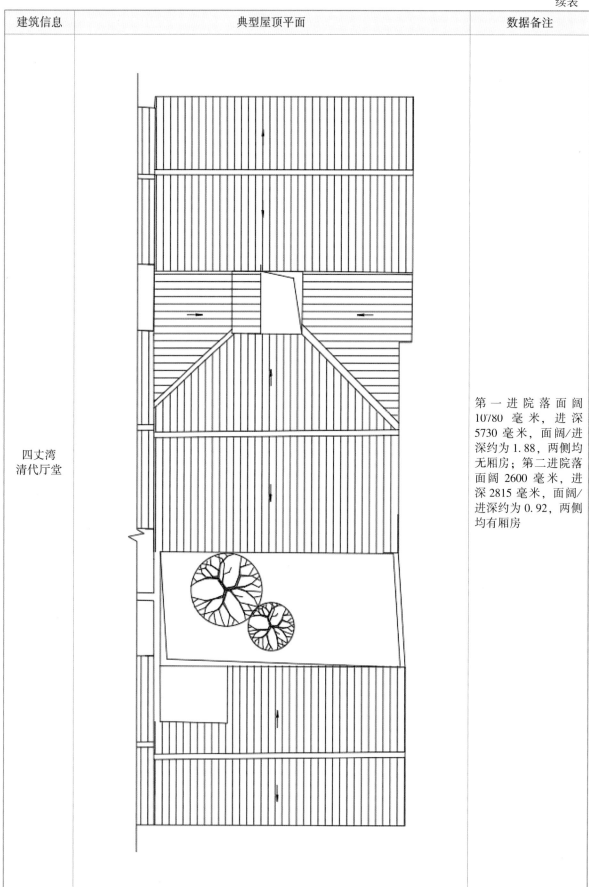	第一进院落面阔10780毫米，进深5730毫米，面阔/进深约为1.88，两侧均无厢房；第二进院落面阔2600毫米，进深2815毫米，面阔/进深约为0.92，两侧均有厢房

2.2.1.4 立面特征

基础部分以石制阶沿为主,鼓磴主要有圆形和方形两种形式,较有特点的为圆形鼓磴单侧或两侧带石制金刚腿做法。磉石除常规做法外,有正间廊步柱用全磉的做法,如浒浦刘宅厢房。

屋身面阔常见三开间,少量为五开间;门厅立面以包檐墙开门窗为主,后几进立面以通开长窗为主。贴式上主要有圆堂、扁作厅、满轩和回顶等做法;其中扁作厅出现较多,圆堂次之。屋顶以硬山屋顶为主,屋脊配以纹头脊、甘蔗脊、哺龙脊、雌毛脊、游脊,也有少量插脊的做法;歇山屋顶较少,一般出现在公共建筑中。

很多建筑因应环境在常规基础上做出变化,如沿街商业建筑常为下店(坊)上宅、前店(坊)后宅的模式,沿街设支摘窗,沿河设码头等。装饰上,大户人家装饰更为复杂华丽,采用砖雕门楼,甚至晚期运用西洋元素,如采用西式栏杆,镶嵌套色玻璃等。

2.2.1.5 剖面特征及结构类型

常熟地区多进建筑中,地坪高度随着进深的增加而逐步升高。在多进院落建筑总体高度上,当后两进建筑为楼房楼厅时,该多进建筑的最高点为楼房/楼厅屋脊,以南泾堂18号民居为例,该五进建筑最高点位于第四进楼房屋脊(图 2.2.1.5-1)。当后两进建筑为单层时,该多进建筑的最高点为厢楼屋脊,南泾堂60号民居即此(图 2.2.1.5-2)。就建筑单体屋脊高度而言,大部分五开间建筑屋脊高度大于三开间建筑单体,单层建筑屋脊高度范围为4—6.4米,双层建筑屋脊高度范围为7.3—8.2米。

就建筑檐口高度而言,单层建筑檐口高度范围为2.8—3.4米,绝大部分建筑南北两侧檐口高度一致,也有部分建筑南侧檐口高度较北侧檐口高150—580毫米不等。二层建筑檐口高度范围为5.2—6.2米,部分二层建筑南北檐口高度一致,也有部分二层建筑南侧檐口高度较北侧檐口高200—360毫米不等。

结构类型上,常熟传统历史建筑与苏州地区典型结构类似。基础以砖石结构为主;其上为木框架结构,由起承重框架的木结构和起围护作用的砖墙、门窗组成;正贴类似抬梁式构架,边贴中柱落地。苏式屋架的提栈,与宋代举折、清代举架有所不同,赋予了苏式建筑别样的屋面坡曲线。所用木材以杉木和松木为主。

图 2.2.1.5-1　南泾堂18号民居剖面图

图 2.2.1.5-2　南泾堂60号民居剖面图

2.2.2 传统木构建筑重点保护部位

2.2.2.1 台基部分

（1）铺地及阶台

常熟地区室内常见方砖铺地、小砖拼花铺地两种形式；庭院有金山石铺地、水磨石铺地、弹石拼花铺地、小青砖铺地等形式。室内方砖铺地出现较多，庭院金山石、水磨石铺地出现较多。

铺地所用方砖的规格，视建筑规模的大小而定；方砖正铺常为380—420毫米尺寸，以和平街45号民居、南泾堂18号民居为代表。方砖铺地因在室内，故传统的方砖地面构造较为简单。此外，还有一类小砖拼花铺地形式，常为8块较小尺寸矩形砖组成400毫米×400毫米或更大尺寸的方形拼花（图2.2.2.1-1）。

庭院金山石铺地以四丈湾范宅为代表，金山石正铺，石块尺寸为500毫米×820毫米。庭院弹石拼花铺地，弹石密铺，望砖条分隔。此外，还有庭院水磨石铺地（局部拼花）、庭院小青砖铺地等（图2.2.2.1-2）。

图2.2.2.1-1　方砖正铺与小砖拼花铺地　　　　图2.2.2.1-2　庭院铺地类型

常熟地区阶沿常用金山石，正阶沿石在正间两柱之间并略小于开间尺寸，如南泾堂18号民居。菱角石偶有带雕刻。部分建筑在阶台转角处，石构件之间的连接不宜采用类似木结构的45°割角做法，因为石材性质较脆，割角部位经不起碰撞，所以有些建筑在转角处采用包头做法，也有出头做法，如老三星副食品商店（图2.2.2.1-3）。

阶台的构造，是在基础以上露出地面部位作土衬石，其外侧砌筑侧塘石，侧塘石上方铺设锁口石，称为台口。台口与室内地坪相平，开间方向的

图2.2.2.1-3　阶台正阶沿及转角做法

锁口石称阶沿石。阶沿石的高度每级为 100 毫米左右，通常有 2—3 级的副阶沿石，阶台侧面常为塘石。此外，常熟地区的副阶沿石部分有两侧菱角石包围形成明确的踏步范围，但很多阶沿石与南立面面阔通长。

（2）鼓磴与磉石

常熟地区柱下常设鼓磴，鼓磴或方或圆，有花者施浅雕，素者光平，承鼓磴之方石称为磉石。该区域主要有圆形鼓磴和方形鼓磴两种形式（图 2.2.2.1-4），较有特点的是圆形鼓磴单侧或两侧带石制金刚腿做法。其中圆鼓磴带石制金刚腿出现较多。常见圆鼓磴走水 20—30 毫米，胖势 40—60 毫米，也有少数无走水的形式。圆鼓磴带石制金刚腿做法以和平街 45 号民居、唐市中心街陈宅为代表，具体为圆鼓磴位于正间廊步柱处，带有石制金刚腿，用于插入木门槛（图 2.2.2.1-5）。

磉石之面与阶沿石面相平。该区域磉石除内柱全磉、檐柱半磉、边柱角磉等正常做法外，也有正间廊步柱用全磉的做法，如浒浦刘宅厢房，或是因其正阶沿石较窄所致（图 2.2.2.1-6）。

图 2.2.2.1-4　圆鼓磴（带金刚腿）与方鼓磴做法

图 2.2.2.1-5　圆鼓磴（带金刚腿）与方鼓磴做法　　　　图 2.2.2.1-6　磉石的做法

2.2.2.2　大木部分

（1）贴式

常熟地区传统木构建筑的贴式上主要有圆堂、扁作厅、满轩和回顶等做法。其中以扁作厅出现较多。该地区厅堂檐口高度多为 3—3.8 米，且建筑南檐口高度大都略高于北檐口高度。

常熟地区圆堂从进深方向常可分为三部分，即轩、内四界、后双步，且圆堂一般仅做廊轩，不会在轩之外再做廊轩。该地区圆堂前轩的形式较为简单，内四界之后，以连二界而筑双步较为常见，也有少部分仅连一界而筑后轩的。在双步的用料上，圆堂用的一般是圆作，也会有扁作眉川的情况存在，如浒浦刘宅。圆堂南侧多设飞檐椽，北侧也有不设飞檐椽的情况存在，视房主经济情况而定（图 2.2.2.2-1）。

常熟地区扁作厅从其进深常可分为三部分，即轩、内四界、后双步，规模较大的扁作厅也会在轩之外另设廊轩。在该地区，根据扁作厅内四界与轩的位置关系，又将轩分为磕头轩（如君子弄47号民居）、半磕头轩（如山塘泾岸31号民居）、抬头轩（如和平街45号民居）。内轩界深较大，多为船篷轩，而作为前廊轩部分界深较小，形式主要为一枝香鹤胫轩。该地区扁作厅内四界之后，以连二界而筑双步较为常见，也有少部分仅连一界而筑后轩的，后双步形式以扁作眉川、川梁为主，如山塘泾岸31号民居，常熟眉川形状较之《营造法原》做法更胖（图 2.2.2.2-2）。也有较少部分采用圆作形式，如粉皮街15号民居。既有设飞檐椽的、也有不设飞檐椽的情况存在。

图 2.2.2.2-1　圆堂做法

图 2.2.2.2-2　扁作厅做法

常熟地区满轩做法较为稀少，以山前街祠堂为代表，其轩数为四，都为船篷轩，并且其前后带廊。为歇山顶，四周屋面都带飞檐椽。

此外，该地区贴式中部分轩和内四界之上并无草架，屋顶直接相接，呈现出天沟露明的状态。

(2) 内四界

常熟地区内四界以圆作和扁作较为多见。

圆作：圆作内四界界深在4120—4350毫米，内四界处所设大梁架于两步柱之上，大梁之上设金童柱，上架山界梁，山界梁之上置脊童柱。大梁直径在240—280毫米。以南泾堂18号民居、四丈湾范宅为代表，其短机形式为光机，形式简单，金童于梁连接处的鹰嘴分棱较为明显清晰。无蒲鞋头和梁垫。以浒浦刘宅为代表的雕花短机数量则较之为少。

常熟地区圆作正贴有五柱落地做法，以浒浦刘宅为例，正贴为五柱落地形式，内嵌山垫板，两侧房间隔出夹层作卧室或储物之用（图2.2.2.2-3）。以间庆堂贾宅为例，边贴大都采用五柱落地做法（图2.2.2.2-4）。

图2.2.2.2-3　圆作内四界正贴五柱落地做法

图2.2.2.2-4　圆作内四界边贴五柱落地做法

扁作：扁作内四界以粉皮街15号、君子弄47号、和平街45号民居为代表，两步柱的上端各设置坐斗一座，坐斗之上所架的四界大梁即为大梁。常熟做法中，大梁之上设置坐斗两座直接承托金机及山界梁，山界梁上设置五七式一斗六升牌科一座，上承脊机及脊桁。牌科两旁捧一刻有雕花的山尖状木板，为山雾云，拱端两旁的抱梁云少部分不设。常熟做法中，大部分是大梁与步柱头坐斗直接交接，如粉皮街15号、君子弄47号民居；也有少部分设置蒲鞋头、梁垫及蜂头，如和平街45号民居（图2.2.2.2-5）。

扁作内四界边贴中，以粉皮街15号、南泾堂18号为代表的民居采用的是五柱落地做法，即脊柱、金柱皆落地。柱之围径均同廊柱，柱之上设坐斗。坐斗之上多架斗六升牌科。边步柱与金柱间设川，因位于金桁下方，故称下金川。川之一端架于斗，一端与金柱相连，川之高度较为随意，可与大梁相同，也可小于大梁，视厅之华丽程度而定。川之下为梁垫，梁垫以下为川夹底，夹底与步枋相平。金柱与脊柱间也设川相连，称上金川，其做法与下金川之做法相同。上金川夹底设两道，称上夹底与下夹底。上夹底设于上金川之梁垫以下，下夹底与下金川夹底做通，也与步枋相平，上下夹底高度相同。屋架留空处也均设山垫板（图2.2.2.2-6）。

扁作内四界边贴中，以粉皮街15号、南泾堂18号为代表的民居采用的是一脊二挥落地做法，即内四界间位于脊柱前后的构件均为对称设置。脊柱之上设坐斗，朝正贴一面开斗口，上架斗三升或斗六升牌科，根据正贴做法而定。升之上架脊机、脊桁，其具体做法均与正贴相同。脊柱前后做双步，以代大梁。双步一端架于斗上，一端连于脊柱，双步之下为梁垫，但不设蜂头与蒲鞋头。双步之下留空处镶楣板，称双步楣板。其下设双步夹底，与廊枋相平。双步之上设斗，斗口架梁垫及寒梢拱，以承川，川之一端架于斗上，另一端连于脊柱，川之做法均与后双步上眉川做法相同。双步以上，凡留空处均镶以山垫板（图 2.2.2.2-7）。

图 2.2.2.2-6　扁作内四界边贴五柱落地做法

图 2.2.2.2-5　扁作内四界正贴做法

图 2.2.2.2-7　扁作内四界边贴一脊二挥落地做法

（3）轩

轩作为南方古建筑特有的一种形式，其设在厅堂之内，也是天花的一种形式。具体做法是在原有屋面之下，设轩梁、架桁、架重椽、铺设望砖，因与普通屋架的做法相同，其与内四界浑然一体。常熟地区常用船篷轩，其次为一枝香鹤胫轩，而茶壶档轩相对较少。

常熟地区船篷轩分为两类，圆作轩梁船篷轩数量较多，以南泾堂 18 号民居、原城隍庙建筑为代表；而扁作轩梁船篷轩数量较少，以和平街 45 号民居为代表。但两者界深都在 2270—2980 毫米且轩桁大多使用圆桁。其中圆作轩梁船篷轩，上轩梁由下轩梁上的两个童柱直接承托且童柱分棱较为明显。而扁作轩梁船篷轩中，扁作轩梁为拼料，其由柱头坐头直接承托，无蒲鞋头。在该地区，船篷轩弯椽两旁之椽，大多使用直椽（图 2.2.2.2-8）。

一枝香鹤胫轩做法中，第一类以和平街 45 号民居为代表，其形式较为复杂，扁作轩梁由蒲鞋头承托梁垫蜂头后再承托，并且坐斗上设抱梁云；另一类以庙弄钱宅、缪家湾 18 号民居为代表，其扁作轩梁直接由柱头插出，且坐斗上不设抱梁云。两类轩的界深都在 1100—1370 毫米，相较于船篷轩界深较小。轩梁为拼料且轩梁上只有一个坐斗承托一根轩桁（图 2.2.2.2-9）。

图 2.2.2.2-8　船篷轩做法　　　　　　　　　图 2.2.2.2-9　一枝香鹤胫轩做法

茶壶档轩不设轩桁，故其相较于船篷轩和一枝香鹤胫轩稍浅。其构造最为简单，仅在廊桁与步枋间架直椽，椽的中部高起一望砖，形若茶壶档。两柱间不设轩梁，仅以廊川连络（图 2.2.2.2-10）。

轩椽面上覆盖望砖，所用望砖的两侧均须刨边直缝，表面须依椽之曲面磨平，使其铺覆严密，

图 2.2.2.2-10 茶壶档轩做法

称为做细望砖。直椽之上可直接铺设屋面，而弯椽如鹤胫轩和船篷轩等，则须在弯椽之上，隔一望砖厚，另行设置直椽以承屋面。

（4）檐口

檐口多见无飞椽和带蒲鞋头的云头挑梓桁出檐（有飞椽），单纯出飞椽、云头挑梓桁出檐（有飞椽）和包檐做法较少。

常见无飞椽檐口出檐深度在 320—650 毫米，常见椽子均为方椽，也有少数圆椽和方椽结合使用的形式。该做法代表有唐市中心街陈宅、北新街 1 号民居。

常熟地区有飞椽檐口做法中，檐椽出檐在 550 毫米左右，飞椽出檐在 300 毫米左右，以南泾堂 18 号、君子弄 47 号民居为代表。檐椽形式大多为方椽，也有少数使用荷包椽，但飞椽基本都为方椽且飞椽头做收分（图 2.2.2.2-11）。

带蒲鞋头的云头挑梓桁出檐中，为了加大檐口深度且防止椽子下坠，须于出檐椽下设梓桁承托之。该区域蒲鞋头出两跳从檐柱头插出承托云头，也有与在檐柱头上设的大斗共同承托云头做挑梓桁。该做法中都有铺设飞椽，檐椽及飞椽均为方椽，且飞椽头单独做收分。挑梓桁出檐在 220—320 毫米，檐椽出檐在 500 毫米左右，飞椽出檐在 300 毫米左右。该做法以虹桥下塘 25 号、缪家湾 18 号民居为代表（图 2.2.2.2-12）。

图 2.2.2.2-11 有飞椽檐口做法　　　　图 2.2.2.2-12 带蒲鞋头的云头挑梓桁出檐做法

常熟地区云头挑梓桁出檐，是云头直接插出檐柱头后承托梓桁，该云头不设蒲鞋头承托。该檐口做法相较于"带蒲鞋头的云头挑梓桁出檐"而言，出檐没有那么深远。以浒浦刘宅为代表，檐椽出檐在 420 毫米，飞椽出檐在 385 毫米（图 2.2.2.2-13）。

也有少部分房屋的檐椽不挑出，仅至廊桁中线，而由檐墙的墙顶封护椽头，该做法称为包檐墙做法。包檐墙顶逐皮挑出作葫芦形之曲线，称为壶细口，其挑出部分便为房屋的出檐长度。壶细口下所施的通长枋子，称为抛枋。抛枋凸出墙面少许，下面的圆形线脚，称托浑。一般做法是用不同厚度的砖，将壶细口、抛枋、托浑砌筑成型后，外施纸筋粉刷。该区域此做法的代表为红旗南路某民居（图 2.2.2.2-14）。

图 2.2.2.2-13　云头挑梓桁出檐做法

图 2.2.2.2-14　包檐墙做法

（5）楼房及楼厅

在楼房中普通楼房及云头硬挑头楼房做法出现较多。楼厅中副檐轩和楼下轩的做法出现较多，骑廊轩相对较少。

楼房：常熟楼房一层与二层高度分别在 2600—3300 毫米、3800—4400 毫米，其比值在 1∶1.25—1∶1.6，楼房搁栅尺寸在 80 毫米×160 毫米—100 毫米×210 毫米。

常熟地区楼房界深多为六界，正贴中多用通长廊柱和通常步柱，而五柱通长的情况也不在少数。边贴基本都为五柱通长落地。同时，该地区搁栅个数大多为每界一根，偶有每界两根的情况。

将承重前端伸长，挑出屋外 320 毫米左右，上筑窗台，绕以木板，挑头形式多为云头，此为云头硬挑头楼房，多见于唐市（图 2.2.2.2-15）。

图 2.2.2.2-15　云头硬挑头楼房做法

楼厅：楼厅为规模较大之楼房，于楼上或楼下筑翻轩者。楼厅的构造与楼房大体相同，但根据轩所处的位置以及贴式的不同，可分为下列数式：

副檐轩以虹桥下塘 3 号、虹桥下塘 25 号民居为代表，楼厅之步柱通顶，其前与廊柱间筑翻轩，上覆屋面，附连于楼房；前轩多做一枝香鹤胫轩；使用对界搁栅。

骑廊轩以山塘泾岸杨宅为代表，楼厅四界承重之前，其步柱通顶，而于廊柱与步柱之间筑轩，上廊柱退后，架于轩之中或轩桁之上。骑廊轩之轩深为二界，形式多为一枝香鹤胫轩。轩桁之上，前后须设一短梁，架于廊柱与步柱之间，以承上廊柱，该短梁称为门限梁，又称门槛梁。梁之前端，做云头以挑梓桁。轩之挑出于上廊柱以外部分之屋面，下端架于廊桁上，上端则架于上层窗槛下半爿桁条之上。

楼下轩以梅里西街 40 号民居为代表，在楼厅四界承重之前，其廊柱与步柱通长至上层屋顶，而于楼下两柱间筑轩。轩的形式根据界深而定，该地区多为船篷轩。因楼下轩较浅而作为走廊使用时，会在廊柱间装挂落，步柱间装窗，此时该轩为廊轩。

（6）提栈

常熟地区的提栈做法与《营造法原》中典型做法相比存在一些地方性变化，具体可分为以下几类。

平房：常熟平房提栈多以四算半或五算起算，递加次数多依"民房六界用两个"的规律，每次加算多为半算，但偶有加一算的情况存在（表 2.2.2.2-1）。

厅堂：常熟厅堂提栈起算多按照厅堂前廊进深（尺），递加次数基本依照"七界提栈用三个"的规律，每次加算多为一算，但偶有加半算的情况存在（表 2.2.2.2-2）。

楼房：常熟楼房提栈规律基本与平房提栈规律相同（表 2.2.2.2-3）。

楼厅：常熟楼厅提栈规律基本与厅堂提栈规律相同（表 2.2.2.2-4）。

表 2.2.2.2-1　平房案例表　　　　　　　　表 2.2.2.2-2　厅堂案例表

建筑信息	典型剖面	建筑信息	典型剖面
四丈湾周宅	备注：四算半/五算/五算半—五算半/五算/四算半	通河桥弄36号民居	备注：三算半/四算/五算—五算/四算/三算半
四丈湾范宅	备注：五算/五算半/六算—六算/五算半/五算	四丈湾55、57号民居	备注：四算/五算/六算—六算/五算/四算

第二章 历史建筑形制与特征

续表

建筑信息	典型剖面
山塘泾岸31号民居	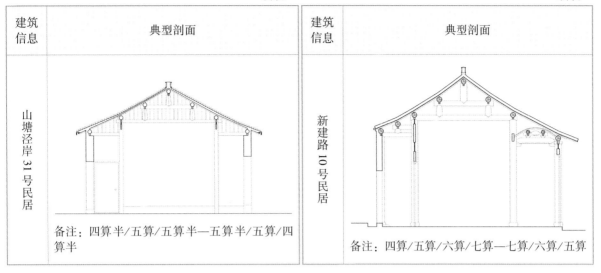备注：四算半/五算/五算半—五算半/五算/四算半
新建路10号民居	备注：四算/五算/六算/七算—七算/六算/五算

表 2.2.2.2-3　楼房案例表　　　　　表 2.2.2.2-4　楼厅案例表

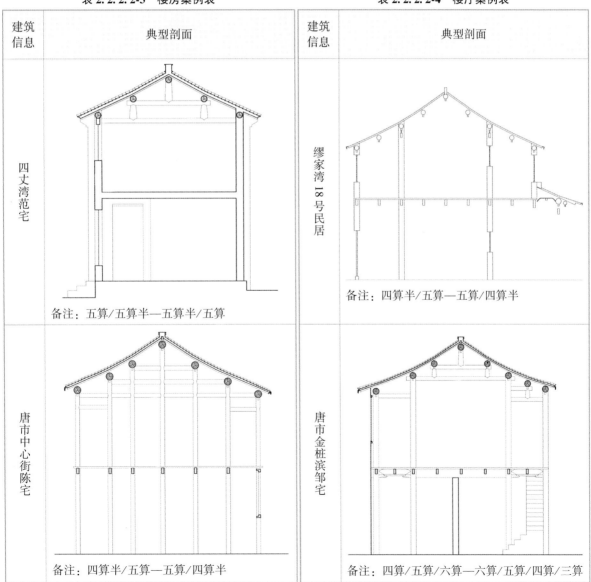

建筑信息	典型剖面
四丈湾范宅	备注：五算/五算半—五算半/五算
缪家湾18号民居	备注：四算半/五算—五算/四算半
唐市中心街陈宅	备注：四算半/五算—五算/四算半
唐市金桩滨邹宅	备注：四算/五算/六算—六算/五算/四算/三算

43

2.2.2.3 墙体部分

（1）砌法

常熟地区墙体砌法上多见空斗和实滚两种砌法。实滚砌法多用于勒脚或楼房下层，而空斗砌法因其省砖价廉及较好的隔声隔热作用，多与实滚砌法结合使用。

空斗砌法：主要以单丁空斗为主，以唐市某民居、新都大戏院旧址东侧民居及庙弄钱宅为代表。常熟做法中，通常先砌卧砖一皮，其上砌斗砖层作斗，斗之丁砖为一块，通常作错缝砌法。此外，斗砖层之间也有卧砖两皮的情况存在。砌筑空斗墙的砖尺寸，长在220—235毫米、宽在110—115毫米，厚在23—25毫米，基本与二斤砖尺寸相同；砖与砖之间灰缝的尺寸为6—7毫米（图2.2.2.3-1）。

实滚砌法：主要以实扁砌法为主，如唐市中心街111号及通桥河弄某民居（图2.2.2.3-2）；也偶有实滚芦簇片砌法，如唐市中心街43号民居。常熟实扁砌法中，砖的尺寸不完全一致，长在140—200毫米，宽在80—100毫米，厚在25毫米左右，砖与砖之间的灰缝也会因砖的堆叠而在7—10毫米，原因或是初建时期屋主的经济因素，抑或是后期随意加改建。实滚芦簇片砌法较之苏州略有不同，区别在该地区在每砖层之间会扁砌一皮卧砖（图2.2.2.3-3）。

图 2.2.2.3-2　实滚—实扁砌法

图 2.2.2.3-1　空斗—单丁空斗砌法　　　　　　图 2.2.2.3-3　实滚—芦簇片砌法

(2) 垛头形式

常熟地区垛头形式中，较为常见的是混水垛头，如三角形垛头（无兜肚）和卧瓶嘴垛头，也有部分清水垛头，如吞金式垛头和朝板式垛头。垛头可分为上、中、下三个部分，其上部挑出，以承檐口，中部称墙身，下部为勒脚。垛头之厚与山墙相同，垛头之长不得超出阶沿外口。清水做法即砖细做法，垛头由清水砖制作，其外观比较精细。混水做法则相对简单，按要求用砖砌出垛头形状，再以纸筋灰粉出各路线脚。

三角形垛头即垛头上部以直线形式与墙身直接交接，并且其下无兜肚，总体形式较为简单，以四丈湾 44 号、北新街 1 号民居为代表（图 2.2.2.3-4）。

卧瓶嘴垛头以庙弄某民居、唐市中心街陈宅为代表，因其形似半个卧倒的花瓶，故被形象地称为卧瓶嘴。其具体做法是，在兜肚之上，将砖或木板逐皮挑出与檐口相连接，挑出部分的下方，粉出向上弓起的弧形，其前部呈平面，与弧形面交接处粉成尖嘴状（图 2.2.2.3-5）。

图 2.2.2.3-4 三角形垛头

图 2.2.2.3-5 卧瓶嘴垛头

吞金式垛头以四丈湾 77 号、唐市中心街某民居为代表；朝板式垛头以南泾堂 18 号、西言子巷 28 号民居为代表（图 2.2.2.3-6）。

这些垛头在部分场合，又以复合的形式出现。

(3) 山墙收口

常熟地区山墙收口常用飞砖进行收口；此外，也有铺设盖瓦或砖砌博风进行收口。

飞砖收口以新建路 10 号民居、新都大戏院旧址东侧民居为代表（图 2.2.2.3-7）。

盖瓦收口以君子弄 47 号、健康巷 10 号民居为代表（图 2.2.2.3-8）。

砖砌博风常见于歇山屋面的收山部分，形制较高的厅堂会加以塑花，而民居形式则较为简单，以山前街祠堂、甸桥村某民居为代表（图 2.2.2.3-9）。

图 2.2.2.3-6　吞金式垛头与朝板式垛头

图 2.2.2.3-7　飞砖收口

图 2.2.2.3-8 盖瓦收口

图 2.2.2.3-9 砖砌博风

2.2.2.4 屋面部分

（1）屋面用瓦

常熟地区屋面基本采用小青瓦屋面，只是在用瓦形式上略有区分。

有既采用花边瓦，又用滴水瓦的形式，如庙弄钱宅、缪家湾 18 号民居（图 2.2.2.4-1）。

有只用花边瓦，不用滴水瓦的形式，如四丈湾范宅、四丈湾 55、57 号民居（图 2.2.2.4-2）。

有既不用花边瓦，又不用滴水瓦的形式，如北新街 1 号、君子弄 47 号民居（图 2.2.2.4-3）。

图 2.2.2.4-1 花边瓦、滴水瓦

图 2.2.2.4-2　花边瓦、无滴水瓦

图 2.2.2.4-3　无花边瓦、无滴水瓦

图 2.2.2.4-4　斜沟做法

此外，在两屋面相交部位，阴角处常会铺设一条底瓦楞，用于排水，为斜沟，以庙弄钱宅为代表。为利于排水，斜沟须用斜沟瓦铺设，斜沟底瓦宜解口，其檐口处用斜沟滴水。斜沟底瓦之间的搭盖不应小于150毫米，斜沟两侧的百斜头伸入沟内不应小于50毫米，以免漏水（图2.2.2.4-4）。

（2）屋面形式

常熟地区屋面形式以硬山较为多见，部分形制较高的建筑也会采用歇山做法。

硬山屋面以普通硬山为主，屋面前后做坡，两面落水，其两旁筑山墙。但因其垛头形式又分为混水硬山，如北新街1号、四丈湾25—27号民居；以及清水硬山，如寺后街16号、四丈湾77号民居（图2.2.2.4-5）。在楼房（楼厅）之中，也有两侧山墙向两侧延伸低于屋面者，类似于屏风墙的形式，如庙弄某民居、唐市中心街某民居（图2.2.2.4-6）。

歇山屋面以城隍庙建筑、山前街祠堂为代表，屋面前后做落水，两旁做落翼，山墙位于落翼之后，缩进建造（图2.2.2.4-7）。

图 2.2.2.4-5　普通硬山墙

图 2.2.2.4-6　屏风硬山墙

图 2.2.2.4-7　歇山

（3）屋脊

常熟地区屋脊常有筑脊，筑脊形式以纹头脊较为多见，也有甘蔗脊、哺龙脊、雌毛脊。并且在很多形制较低的普通民居上，也会出现游脊的形式。

纹头脊以庙弄钱宅、北新街1号民居、唐市某民居为代表，将攀脊两端砌高，做钩子头，钩子头应砌筑于脊两端各向内缩进一楞半瓦的距离处。其上部与瓦条连通，瓦条之上安装或砌筑纹头，纹头之外侧应略高于内，且与嫩瓦头成一直线。纹头之后，在瓦条上面排瓦筑脊。排瓦到脊中会合，中间做龙腰。筑脊用瓦，其规格大小一致，排列整齐垂直，并呈同一水平面，上用纸筋灰粉平，两侧用纸筋灰粉出线，即盖头灰，其宽度同筑脊底部瓦条。此外，常熟唐市地区纹头脊的脊端弯势更为陡峭（图2.2.2.4-8）。

甘蔗脊以和平街45号、新建路10号、南泾堂60号民居为代表，其砌筑始于脊端边楞中线处，于该处用整瓦叠砌瓦墩，瓦墩高度同瓦高，将瓦竖立紧排于攀脊之上，即为筑脊。排瓦从两端向龙腰处会合，会合之处略施粉刷。脊之两端须刷回纹，作装饰，脊顶刷盖头灰，以防雨水（图2.2.2.4-9）。

图2.2.2.4-8　纹头脊　　　　　　　　　　图2.2.2.4-9　甘蔗脊

雌毛脊在常熟地区多见于普通民房，以四丈湾范宅、甸桥村某民居、唐市中心街某民居为代表，其两头翘起，故须将攀脊两端砌高，做钩子头。钩子头一般位于第二或第三楞盖瓦中，视其起翘高度而定。脊端起翘须用"铁扁担"，"铁扁担"外挑长度不超过嫩瓦头，其后端伸进钩子头后的距离须大于外挑长度，以防倾覆。常熟地区雌毛脊下端"铁扁担"到脊端常分为两头，并且弯势更为陡峭（图2.2.2.4-10）。

常熟用于民居的哺龙脊，以新建路10号民居为代表，相比于用于寺宇之殿堂的哺龙脊而言，其脊身形式较为简单，偶见带有石作装饰，但无暗花筒段或亮花筒段（图2.2.2.4-11）。

常熟游脊做法常见于简易平屋或简易围墙之围墙顶，以和平街45号民居第一进、唐市某民居为代表，其做法是先做攀脊，待攀脊做好后，即可铺瓦。游脊从两端向脊中会合（脊之中间称"龙腰"），相交成倒"八"字状，在该处略施粉刷，粉平即可（图2.2.2.4-12）。

图 2.2.2.4-11 哺龙脊

图 2.2.2.4-10 雌毛脊　　　　　　　　　　图 2.2.2.4-12 游脊

部分形制较低民居屋脊当中装饰会放置一花盘，形制较高民居常布置"福禄寿"。

此外，因民居常有"不过三间五架"之说法，常熟五开间民居中有插脊做法，以山前街祠堂第一进、庙弄钱宅、唐市中心街某民居为代表，正脊两侧只到三开间处，另外两开间上常不设插脊，但在形制较高的民居上，也会进行设置（图2.2.2.4-13）。

图 2.2.2.4-13　插脊

（4）发戗

歇山与四合舍的转角处，其屋面合角称戗角，其构造称为发戗。发戗制度有二：其一为水戗发戗，其二为嫩戗发戗。常熟地区以水戗发戗较为多见。水戗发戗以瓦作发戗为主，而其中木作部分的发戗则相对简单一点，故称水戗发戗。水戗发戗的木作部分可分为以下两种情况，其一是出檐椽上部设飞椽，其二是出檐椽上部不设飞椽。

水戗发戗（有飞椽）的案例有南泾堂 18 号、君子弄 47 号民居。檐椽以圆椽为主，飞椽以方椽为主，飞椽头做收分（图 2.2.2.4-14）。

无飞椽的做法与有飞椽基本相同，由于不设飞椽，故无需角飞椽及弯里口木。水戗发戗（无飞椽）的案例有唐市中心街陈宅、原城隍庙建筑、新建路 10 号和北新街 1 号民居等，既有圆椽也有方椽（图 2.2.2.4-15）。

常熟地区嫩戗发戗较少，仅有山前街祠堂为例，且出檐椽上部设飞椽。

（5）牌科

牌科，北方谓之斗拱，是一种既能竖向负重，又能横向受力的构件。其功能是将建筑的上部荷载传递分布于其所在的梁或柱之上，故牌科被大量运用于殿庭、厅堂、牌坊等建筑上。在常熟地区历史建筑中，牌科的运用较为少见，大多用于廊柱上，也间接说明常熟地区的牌科基本以柱头牌科和转角牌科为主。

牌科的尺寸分为五七式、四六式以及双四六式，常熟地区的牌科多为五七式，例如山前街祠堂，斗面宽 250 毫米，斗高约为 160 毫米。牌科的种类，若依坐斗开口的方向以及牌科的形状，可大致分为下列几种类型：一字科、丁字科、十字科、琵琶科、网形科。常熟地区的牌科主要以丁字科和转角牌科为主，丁字科的代表有山前街祠堂、缪家湾 18 号、虹桥下塘 25 号民居，但以上历史建筑中并无桁间牌科，只有对外之牌科（图 2.2.2.4-16）。丁字科常用于厅堂、殿庭等建筑的前后廊柱之上。在常熟基本用于民居及祠堂的前后廊柱之上。丁字科及十字科用于建筑的角柱上时，称为转角牌科，亦称角科。其结构与桁间牌科及柱头牌科不同，其出参为三个方向。常熟地区转角牌科的代表为山前街祠堂、和平街 45 号、南泾堂 18 号民居，但以上历史建筑出参只有一个角轩梁方向，并无桁向拱方向（图 2.2.2.4-17）。

图 2.2.2.4-14　水戗发戗（无飞椽）

图 2.2.2.4-15　水戗发戗（有飞椽）

图 2.2.2.4-16　丁字科

图 2.2.2.4-17　转角牌科

图 2.2.2.4-18　云头、蜂头、指甲爿

拱的做法有三板做法、亮拱、实拱、两拱相交。常熟地区拱的做法基本为三板做法。拱之两端，锯弯成三段小平面相连，称为三板，各拱板数相同，不似北方建筑瓣数随各拱而异。三板边缘各挖去半圆形折角。其中，山前街祠堂、缪家湾18号民居等历史建筑之拱极为精致。

云头位于牌科最上皮，上承梓桁和廊桁连机。梓桁之前做游肩；云头前端逐渐做成尖形，称蜂头。蜂头以内雕成月牙形的凹槽，称指甲爿，指甲爿之后用阴文线刻出云纹。常熟地区的云头较为精致，其中以缪家湾18号、和平街45号民居的云头、蜂头、指甲爿、云纹为代表，精美无比（图2.2.2.4-18）。

2.2.2.5　装折装饰部分

（1）门窗（库门）

装折（门窗），即北方之装修，是具有实用功能和观赏功能双重作用的木构件，分外檐装修与内檐装修两大类。外檐装修指的是建筑外围的各式门窗以及挂落、栏杆等，而内檐装修指的是建筑内部的各式门窗、纱隔（又名纱槅）和罩。在常熟地区的历史建筑中，常见的装折有长窗、短窗、库门等，部分建筑还设置有支摘窗、矮闼等装折。

长窗：长窗为通长落地，装于上槛与下槛之间，有横风窗时，则装于中槛之下。常熟地区的长窗使用频率较为频繁，例如和平街45号、虞阳里4号民居、唐市金桩浜陈宅，都是长窗民居的典型案例。

长窗之宽，以开间之宽除去抱柱，以扇数均分尺寸。长窗之高，自枋底至地，除去上槛高，以四六分派。金桩浜陈宅单扇长窗尺寸为2370毫米×450毫米，虞阳里4号民居单扇长窗尺寸为565毫米×2700毫米，和平街45号民居单扇长窗尺寸为455毫米×2605毫米，以上三个历史建筑中长窗单扇尺寸比均为1∶6左右（图2.2.2.5-1）。

窗的具体做法，分宫式、葵式、整纹、乱纹共四种。常熟历史建筑中，虹桥下塘3号、虞阳里4号、南泾堂18号民居等建筑采用的是万字宫式长窗，庙弄钱宅等建筑用的是万字勾头葵式长窗，金桩浜陈宅用的是葵式八角井长窗，其余的建筑大多是普通的花窗或没有额外装饰。

短窗：在《营造法原》中，将安装于栏杆捺槛之上的窗称为地坪窗，而将安装于半墙之上的窗称为短窗。常熟地区使用短窗的频率较为频繁，例如南泾堂78号、新建路10号民居、庙弄钱宅等都是短窗使用的典型代表（图2.2.2.5-2）。

短窗按分类可分为地坪窗、半窗、横风窗、和合窗。其中，庙弄钱宅、南泾堂78号民居等是半窗的典型代表，虞阳里2号民居是横风窗的典型代表。

短窗的花纹样式和长窗基本相同，例如南泾堂78号民居，使用的是八角井样式，新建路10号民居使用的是万字宫式样式；浒浦刘宅的短窗最为特别，在窗户下槛安装用来安装摇梗的葫芦形装饰，以此来控制短窗的开关，构思奇巧，极为精美（图2.2.2.5-3）。

矮闼：矮闼为窗形之门，单扇居多，装于大门及侧门处，其内再装门。矮闼实际就是古代之短扉，据记载，为元代遗制，当时朝廷禁止百姓闭户，为便于检查，于是便有了短扉这种形式。在常熟地区，矮闼并不少见，缪家湾2号、唐市中心街76号和157号民居等，都是矮闼使用的典型代表。木门与木窗相邻，木窗尺寸为800—1200毫米，木门尺寸为800—2200毫米（图2.2.2.5-4）。

第二章 历史建筑形制与特征

图 2.2.2.5-1 长窗

图 2.2.2.5-2 短窗

图 2.2.2.5-3　浒浦刘宅的葫芦形装饰　　　　　　　　图 2.2.2.5-4　矮闼（窗户为支摘窗）

支摘窗：支摘窗是一种可以支起、摘下的窗子，明清以来，在普通住宅中常用。支摘窗一般分上下两段，上段可以推出支起，下段则可以摘下。支摘窗多为横置。在常熟地区，支摘窗的使用多用于矮闼旁的小木窗，典型代表有缪家湾 2 号、唐市中心街 76 号和 157 号等民居。

库门：墙门，常用于门楼及石库门等处，故亦称库门。其构造为实拼门，以厚 50—60 毫米之木料相拼，两板相拼，须做高低缝或雌雄缝，并贯以硬木销三道。常熟地区一些经济条件较好的人家会安装库门，其中，门拼料居多者，如和平街 45 号民居、庙弄钱宅；部分有门头及雕花者，如南泾堂 78 号民居；部分库门后期还涂有油漆者，如西言子巷 18 号民居。门高在 2.2—3 米之间，宽度在 1.2—2 米之间（图 2.2.2.5-5）。

图 2.2.2.5-5　库门

（2）栏杆及挂落

栏杆：栏杆有高矮两种。低者称半栏，常装于走廊两柱之间，以作围护。若于其上设坐槛，可备坐息之用。常熟地区半栏较为少见，和平街 45 号民居是个仅有的例子，栏杆用石作，中部有精美装饰（图 2.2.2.5-6）。

高者称栏杆，其上为捺槛，装于地坪窗、和合窗之下，以代半墙，其高以长窗高度及捺槛地位而定。常熟地区的栏杆用途大多作为楼厅上层廊柱间的围护，且样式较为单一，除了金桩浜陈宅用宫式万川栏杆之外，其余古建筑之样式都较为简单。栏杆高度在 700—900 毫米不等（图 2.2.2.5-7）。

挂落：挂落是悬装于廊柱间枋子之下的装饰物，由木条相搭而成。常熟地区的挂落样式除原城隍庙建筑为宫式万川挂落外，其余建筑的挂落没有定式，都是较为本土化的做法与变体（图2.2.2.5-8）。

图 2.2.2.5-6　半栏

图 2.2.2.5-7　栏杆

图 2.2.2.5-8　挂落

（3）装饰

常熟地区的装饰包括木雕、砖雕和石雕等，其中木雕装饰主要出现在脊檩及出檐两处，以山雾云、抱梁云和蒲鞋头云头装饰为代表。

山雾云、抱梁云：牌科两旁，左右捧以木板，其形状依据山尖之样式，上刻流云飞鹤等装饰，称山雾云，架于斗腰。拱端脊衔两旁置抱梁云，抱梁云架于升腰，上刻镂空流云图案。常熟地区历史建筑采用山雾云的手法并不多见，以粉皮街15号、君子弄47号民居为代表。山雾云位置均位于大梁上，且纹有流云飞鹤，做工精美（图2.2.2.5-9）。

图 2.2.2.5-9　山雾云

蒲鞋头云头：云头之下，托以蒲鞋头，蒲鞋头用实拱，升开十字口，厚同云头。云头挑梓桁可分三种：① 带蒲鞋头的云头挑梓桁；② 一斗三升的云头挑梓桁，柱头处出参以承云头者；③ 一斗六升的云头挑梓桁，其廊拱下用一斗六升牌科者。常熟地区大多使用带蒲鞋头的云头挑梓桁，具体案例有和平街 45 号、缪家湾 18 号民居，浒浦刘宅等。位于廊柱上，上有指甲兀、云纹等图案，做工精湛（图 2.2.2.5-10）。

此外，和平街 45 号民居、浒浦刘宅的通风口装饰和南泾堂 78 号民居的排水口装饰都采用了铜钱式的形状；粉皮街 15 号民居中的轩梁木雕形式为藤蔓状；南泾堂 78 号民居的库门上，也刻有精美石刻（图 2.2.2.5-11）。

图 2.2.2.5-10　蒲鞋头云头　　　　　　　　　　　图 2.2.2.5-11　其他装饰

2.3 西式混合结构建筑形制与特征

2.3.1 西式混合结构建筑整体特征

2.3.1.1 主要类型

常熟历史建筑包含清代建筑、民国建筑,以及建国初期建筑。这些建筑时代序列清晰,完整反映常熟建筑业的转型与人民生活方式的转变。

清末至民国时期,在外来建筑文化影响的背景下,常熟出现了一些新公共建筑类型,如食品商店、理发店、剧院、医院、公共浴室。此外,这个时期的居住建筑,也在形制、材料和工艺方面,发生了不同程度的发展和演变。因此,清末至民国时期历史建筑,在结构体系类型和建造方法上具有中西混合性,呈现了西方建造体系的影响以及不同程度的本土性技术特征。

2.3.1.2 建筑体量

在建筑体量上,不同于传统木构建筑体量较小、通过院落组合和排布方式形成小尺度的传统肌理,西式混合结构建筑依据近现代的平面设计方法,整体体量较大,与周围建筑关系相对独立,形成了中尺度的近现代城市平面肌理。(图 2.3.1.2-1、图 2.3.1.2-2)

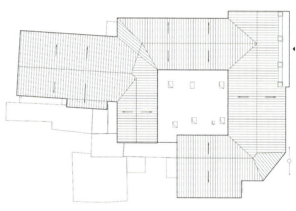

图 2.3.1.2-1　浴春池浴室回字形总平面

图 2.3.1.2-2　新都大戏院旧址总平面

2.3.1.3 平面格局

民国时期建筑平面形态趋于多样化。墙体变厚，出现减柱、移柱等做法，使得平面布局变化灵活，局部出现曲线弧形墙体分隔。建筑平面格局，从传统"方格网"规整布局，逐渐转变为根据实际功能大小布局的方式，并出现了柱廊、外廊等空间形式。

以老三星副食品商店和和平理发店旧址所代表的新式商业建筑中，新的商业经营模式对柱网布局和结构体系都提出了新的要求。商业建筑室外设有柱廊骑楼，室内形成大空间营业区域，辅助用房集中于建筑内侧。（图 2.3.1.3-1）

以福民医院旧址所代表的医疗卫生建筑，因卫生疗养的需要，对建筑的通风、采光提出了要求，建筑空间分设公共区域和病房区域。（图 2.3.1.3-2）

以新都大戏院旧址所代表的剧院建筑，因观演需要，大跨空间下不能落柱，也无需过多自然采光，因此建筑的屋架结构采用大跨度屋架（图 2.3.1.3-3），而窗户主要采用高窗，开窗面积较小。新都大戏院旧址的高窗尺寸为 1.1 米 × 0.77 米。

以浴春池浴室所代表的公共浴室建筑，因公共洗浴的独特功能和流线需要，建筑形成了有特色的平面格局，浴室功能空间包括门厅接待处、浴池、储物室、休息室、锅炉、联通走廊等（图 2.3.1.3-4）。

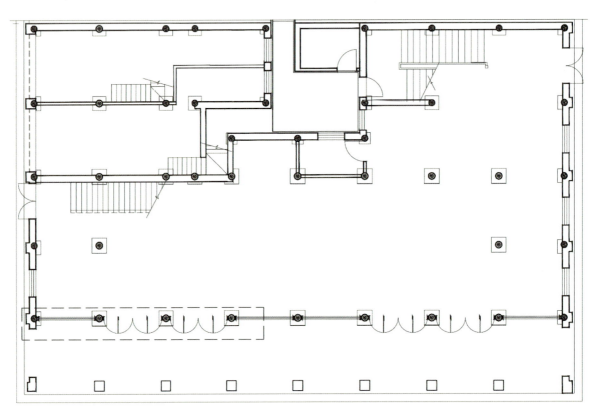

图 2.3.1.3-1　商业建筑特色平面（老三星副食品商店与和平理发店旧址）

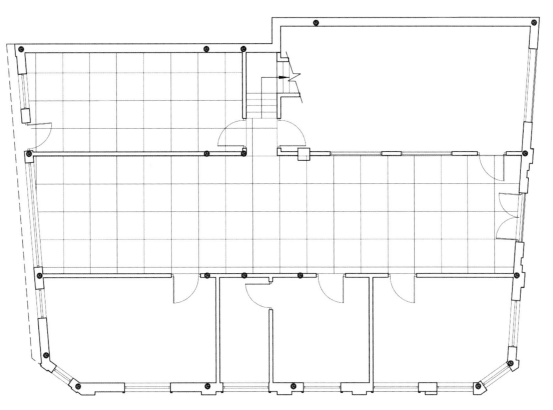

图 2.3.1.3-2 医疗卫生建筑特色平面（福民医院旧址）

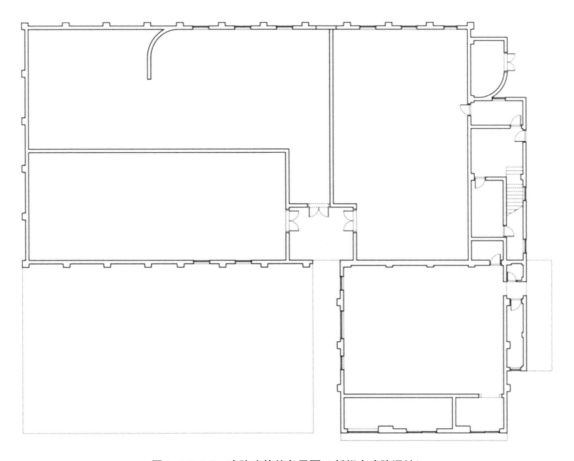

图 2.3.1.3-3 戏院建筑特色平面（新都大戏院旧址）

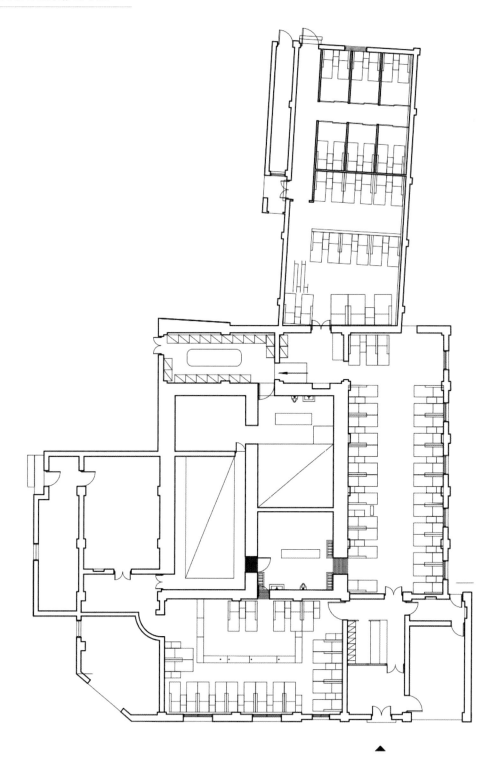

图 2.3.1.3-4　公共浴室建筑特色平面（浴春池浴室）

常熟民国时期的居住建筑，分为民国传统宅院和民国西式住宅，前者以延续清末传统为主要特征，后者以中西合璧为显著特色。常熟一些规模较大的清代宅院内，保留了不同时期始建的住宅建筑单体。清代建筑得到较好承续的同时，房主在民国时期又根据新的生活需求增建新式建筑。这些建筑共同构成了不同时期常熟人居文化的实物见证。例如中巷72号民居，一、二进建于清代，第三进为民国期间所建。又如和平街45号民居，三进院落均建于清代，但北侧有一座砖石建筑为民国时期所建。此外，民国时期由于房地产业的兴起，里弄建筑组群和里弄门楼的新住宅形式也在常熟出现。

民国西式住宅出现了一些新颖的平面布局设计。以寺后街 32 号民居为例，平面格局的显著特征是，南北两楼的正中设有过道，楼上有长廊（0.92 米）相连，串连各个房间（图 2.3.1.3-5）。又如六房湾 18、18-1 号民居，建筑面阔五开间，中间三开间前后设有外廊，外廊进深为 1.4 米，形成室外进入室内的过渡空间（图 2.3.1.3-6）。

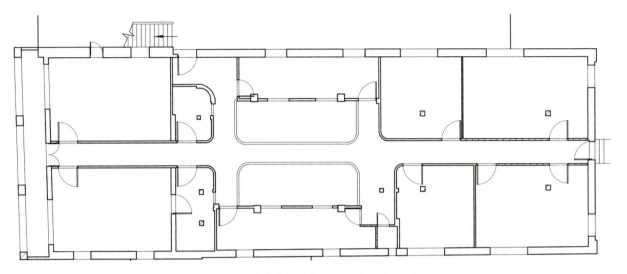

图 2.3.1.3-5　民国住宅建筑特色平面（寺后街 32 号民居二层）

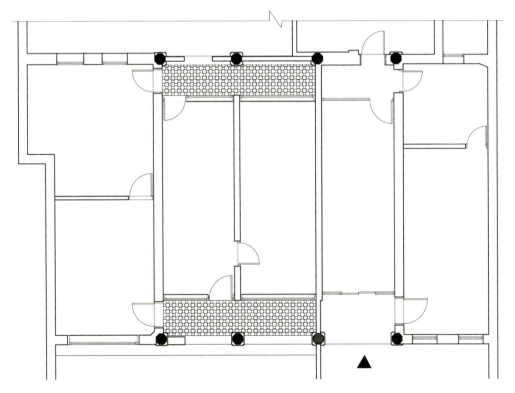

图 2.3.1.3-6　民国住宅建筑特色平面（六房湾 18、18-1 号民居）

2.3.1.4　立面特征

不同于明清传统建筑的外敛内张，常熟民国时期建筑一般具有鲜明的西式立面特征。这些建筑外立面包含柱廊、外廊等受到西方影响的空间元素，并结合了各种西方古典复兴的装饰构件，如古典柱式、拱券、线脚、山花、壁柱等，体现当时设计师、承包商，以及业主所受的时代影响与个人喜好。

西式混合结构建筑的立面往往遵循一定的比例原则进行设计（图 2.3.1.4-1）。比例，是建筑构成各部分和各部分之间的互相关系，以及各部分与整体之间的关系。西式混合结构建筑的立面在复原、修缮和改造时，都应尊重这些比例原则。

大多数民国时期居住建筑在平面上仍采用传统多进院落布局，但在立面上融入了西式元素。由于该时期建筑层数的增加，在街立面难以看到屋顶。在立面采用古典柱式、拱券、线脚、山花、壁柱、外廊等西式元素可增强建筑立面线条感。

常熟民国时期民居建筑入口大门在延续当地清代传统的基础上，增加了一些西式装饰元素。例如支塘北街 35 号民居大门上的三角形的装饰，植物主题的装饰浮雕丰富（图 2.3.1.4-2）。

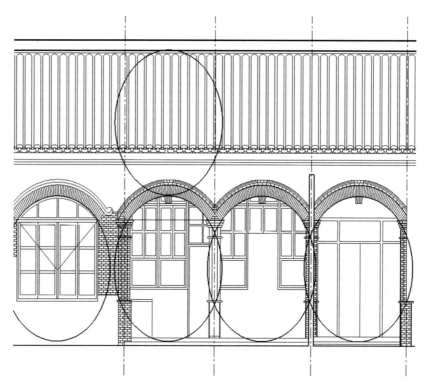

图 2.3.1.4-1　西式混合结构建筑立面比例关系（六房湾 18、18-1 号第三进民居）

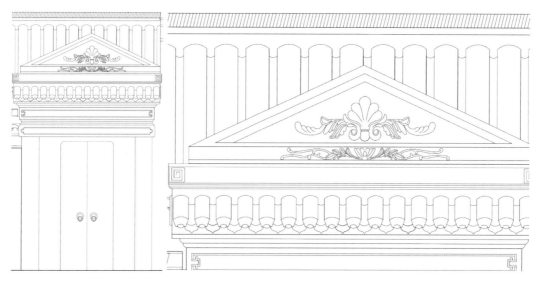

图 2.3.1.4-2　西式装饰大门（支塘北街 35 号民居）

柱廊，是商业建筑底层临街部分由立柱与墙体、商铺大门围合而成的室内外过渡空间。例如老三星副食品商店与和平理发店旧址柱廊，具有较强的商业空间特性，是增进商铺业主户外活动、街坊邻居停留、交流的场所，也可利用廊柱进行广告宣传。柱廊还形成了柱廊人行道，可为行走中的顾客和行人避雨、遮阳。柱廊的柱式比例并未严格按照古典形制，柱廊拱券既承担结构作用，又具有一定的装饰作用。老三星副食品商店与和平理发店旧址柱廊长21.8米，柱廊进深2.7米，高3.4米，高度与进深之比约为1.3。该建筑廊柱尺寸为400毫米×400毫米（图2.3.1.4-3）。

壁柱是一种具有装饰作用的结构构件，外观像一般的柱子，呈扁平矩形，依附于墙面。通常情况下，凸出墙体的砖砌壁柱与墙体同时施工，并与墙体共同承受各种荷载。常熟西式混合结构建筑的壁柱并未严格按照古典形制，而是演化出了自己简化的装饰式样。例如福民医院旧址壁柱（壁柱宽425毫米），包含西方柱式简化的柱基、柱身、柱头（图2.3.1.4-4）。新都大戏院旧址北立面壁柱宽500毫米，水平向有砼圈梁（图2.3.1.4-5）。南泾堂78号民居壁柱上，多处装饰了线脚（图2.3.1.4-6）。

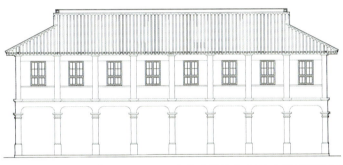
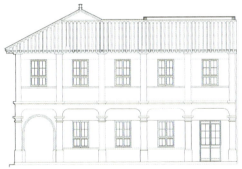

图2.3.1.4-3 商业建筑特色立面（老三星副食品商店与和平理发店旧址柱廊）

图2.3.1.4-4 医疗卫生建筑特色立面（福民医院旧址壁柱）

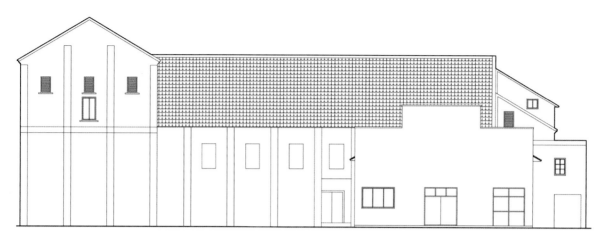

图 2.3.1.4-5 剧院建筑特色立面（新都大戏院旧址北立面壁柱）

图 2.3.1.4-6 住宅建筑特色立面（南泾堂 78 号民居壁柱）

外廊是房间外的主要交通过道，类似于阳台，绕房屋一边、两边或者四周延伸。常熟民国时期受到"殖民地外廊式"影响，部分西式混合结构建筑包含外廊，如预和医院旧址一二层外廊（图2.3.1.4-7）、寺后街32号民居一二层外廊（图2.3.1.4-8），以及六房湾18、18-1号第三进民居一层外廊（图2.3.1.4-9）。外廊通过引入不同形式拱券、线脚和特殊的砖种类，保证结构坚固的同时，满足了装饰的需要。以寺后街32号民居为例，其立面外廊长10.3米、进深1.4米、廊柱宽500毫米，开间分别为3.26米、3.80米、3.26米。六房湾18、18-1号民居外廊装饰性较强，有砖砌柱顶石和砖砌柱头以及正六边形砖柱，采用扇形拱券，拱券跨度约2.4米，拱券弧线半径1.6米左右。

图 2.3.1.4-7　医疗卫生建筑特色立面（预和医院旧址外廊）

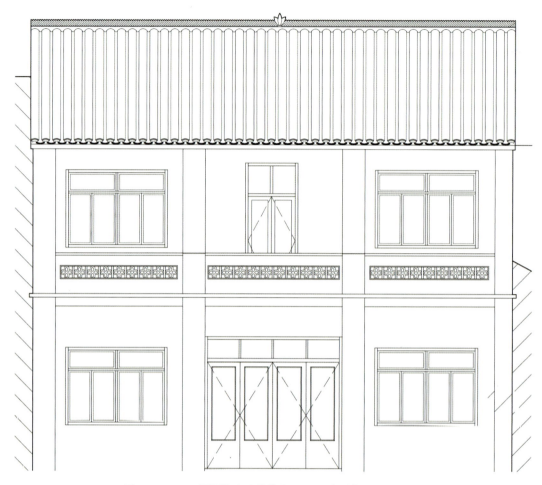

图 2.3.1.4-8 民国住宅建筑特色立面（寺后街 32 号民居）

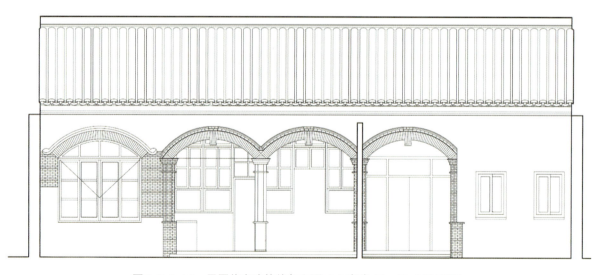

图 2.3.1.4-9 民国住宅建筑特色立面（六房湾 18、18-1 号民居）

2.3.1.5 剖面特征

常熟西式混合结构建筑屋顶形式仍以坡屋顶为主，常见为传统硬山顶。一些建筑为增加室内采光，在硬山顶上开老虎窗，例如预和医院旧址的老虎窗。一些建筑结合空间布局，形成内院天井，例如福民医院旧址利用狭窄的内院形成中庭天井，起到采光通风的作用（图 2.3.1.5-1）。随着建筑技术提升与功能需求转变，一些建筑屋顶上出现了天窗、高窗。典型例子包括君子弄 47 号民居，采用天井天窗做法（图 2.3.1.5-2）；寺后街 32 号民居，中央天井覆盖石质穹隆顶，采用中庭高窗做法（图 2.3.1.5-3）；浴春池浴室考虑到视线隐私和采光需要，在浴池上方采用天窗做法（图 2.3.1.5-4）。

图 2.3.1.5-1　中庭天井做法（福民医院旧址）

图 2.3.1.5-2　天井天窗做法（君子弄 47 号民居）

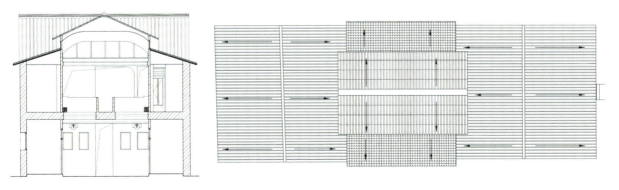

图 2.3.1.5-3　中庭高窗做法（寺后街 32 号民居）

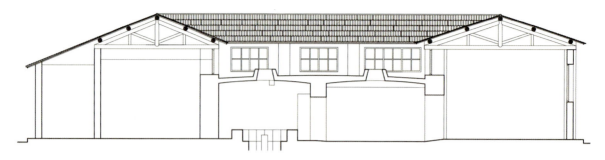

图 2.3.1.5-4　浴池上方天窗做法（浴春池浴室）

2.3.1.6　结构体系与材料

民国时期在西方建筑技术影响下，常熟历史建筑的承重体系发生了近代化转型，逐渐从明清传统的木结构承重，转变为砖木混合承重、墙承重体系。西式桁架的引入，使得屋架体系和梁柱、墙体体系分开。建筑内部空间布置更加灵活，以适应新出现的多种建筑类型。

常熟传统建筑主要材料为土、木、砖、瓦、石。常熟西式混合结构建筑引入了西式红砖、水泥、混凝土等新建筑材料，以及水磨石、水刷石、马赛克、灰泥仿石、毛粉刷等受西方影响的装饰性近代工艺。与此同时，彩色玻璃、瓷砖、铁艺、五金等材料也在局部造型中应用。部分建筑整体平面布局、构造技术仍保留了常熟传统民居的特点，但局部运用了一些西式材料。例如和平街45号民居第三进采用传统穿斗结构，却采用当时新颖的彩色玻璃窗。

2.3.2　西式混合结构建筑重点保护部位

2.3.2.1　建筑地面部分

（1）地板构造

西式混合结构建筑的地板分为下空与下实两种做法。下空做法是将地搁栅架于地垄墙上（图2.3.2.1-1），下实做法是将地搁栅埋于煤屑水泥或柏油石子之中，下实以灰浆三合土（图2.3.2.1-2）。西式混合结构建筑通常会在墙体底层设置防潮层，为了防止地面以下土壤中的水分沿着砖墙上升，进而使墙身受潮劣化。

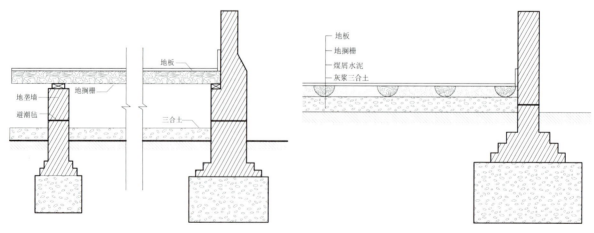

图 2.3.2.1-1　地板构造：下空做法　　　　　　图 2.3.2.1-2　地板构造：下实做法

（2）铺地

① 水磨石地面

水磨石，又称花水泥、磨水泥，用于铺地、扶梯踏步及台度（墙裙）等部位。制作过程是将水泥及云石（大理石）子等混捣，待干硬后，抛光、上蜡。质量最好的水磨石地面效果如大理石。混于水泥中的石子，最普遍使用白矾石子，此外也可选用各色云石石子。所用水泥除青水泥外，为制作色彩鲜丽的水磨石地面，可用白水泥混合各色颜料，达到与云石石子色彩相协调的效果。常熟四丈湾周宅（清末民初）、虹桥下塘51号民居（清末民初）、常熟县邮电局唐市支局旧址（民国）的拼花铺地属于近代水磨石工艺。

② 水泥花砖地面

水泥花砖，是手工制作的、有丰富彩色图案的铺地砖，用作地板。它们最初产生于19世纪中叶的欧洲。水泥花砖不需要烧制，砖表面无釉层。因其相较于此前的手工釉面瓷砖更便宜、耐用、易造，因此在19世纪末至20世纪中叶普遍用于欧美住宅建筑中，并在20世纪初引入中国。

③ 大理石饰面

大理石饰面运用于常熟西式混合结构建筑中的特殊部位，如浴春池浴室浴池采用大理石台面（图2.3.2.1-3）。

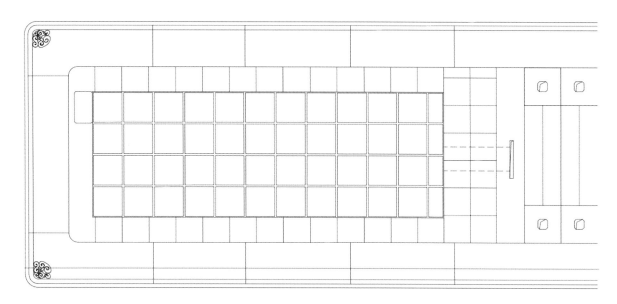

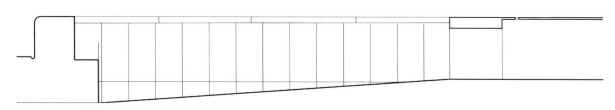

图2.3.2.1-3　浴池大理石台面和坡面（浴春池浴室）

④ 瓷砖铺地

瓷砖铺地在常熟民国建筑中也较常见。实例如六房湾18、18-1号民居一层外廊采用瓷砖铺地，方形瓷砖尺寸90毫米（图2.3.2.1-4）。福民医院旧址的中庭内院公共空间采用瓷砖铺地，浴春池浴室中瓷砖用于浴池的台阶。

⑤ 青砖铺地

青砖铺地在常熟西式混合结构建筑中也较常见。实例如浴春池浴室浴池地面和坡面采用青砖铺地，合兴坊主入口地面采用青砖铺地（图2.3.2.1-5）。

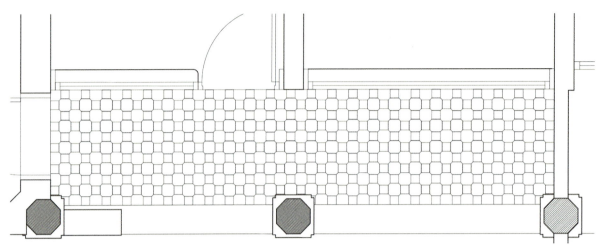

图 2.3.2.1-4 瓷砖铺地（六房湾 18、18-1 号民居）

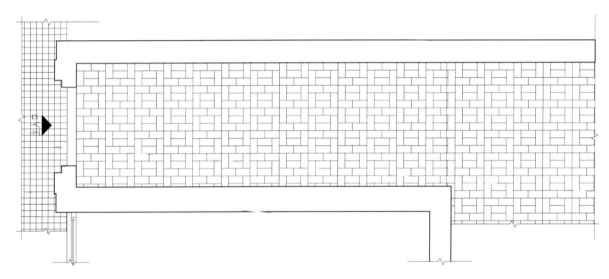

图 2.3.2.1-5 青砖铺地（合兴坊）

⑥ 马赛克地面

马赛克地面，又称碎锦砖地面。主要分为陶瓷、石块或云石片三种。铺制的方法是先集马赛克砖，胶贴纸背，随后铺于水泥之上，将纸洗去。云石马赛克，是集各种不同颜色的云石组成；并可借颜色的不同，拼成人物花草，或其他图案，待云石与底下之水泥凝结坚硬后，再用砂石将其面部打磨抛光，复用黄蜡摩擦成晶莹橘黄的效果。

2.3.2.2 砖石墙体部分

（1）砖块类型与尺寸

常熟西式混合结构建筑立面沿用传统青砖的同时，开始出现了西式红砖。砖块类型包括普通砌筑砖、模制砖、规准砖。模制砖是利用特殊形状的砖模所制作的特殊形状的砖块，用于西式立面上丰富多样的线脚、转角装饰等（图 2.3.2.2-1）。规准砖是砖块通过切割（锯）、抛光而形成规准的形状（图 2.3.2.2-2）。规准砖的特点是表面光滑，可形成规准的接缝。规准砖采用无石粒和其他杂质并经过清洗的黏土制成，切割打磨出光滑的表面，并形成极细的接缝。为了可以进一步切割，它们生产的尺寸比一般普通砖大。

常熟西式混合结构建筑普通砌筑砖的尺寸规格多样，表 2.3.2.2-1 罗列了常熟西式混合结构建筑（构筑物）常见砖块尺寸。

第二章 历史建筑形制与特征

图 2.3.2.2-1　模制砖

图 2.3.2.2-2　规准砖

表 2.3.2.2-1　常熟西式混合结构建筑（构筑物）常见砖块尺寸表

案例	砖块尺寸
义庄弄倪宅	250 毫米×200 毫米×100 毫米，灰缝 10 毫米
六房湾 18、18-1 号民居	120 毫米×60 毫米×50 毫米
合兴坊	210 毫米×105 毫米×35 毫米，灰缝 10 毫米
福民医院旧址	205 毫米×100 毫米×25 毫米，灰缝 5 毫米
新都大戏院旧址	240 毫米×120 毫米×60 毫米，灰缝 10 毫米
红桥	210 毫米×105 毫米×50 毫米

（2）清水砖墙砌法

砖的砌法，又称砖的连锁、率头、组积，是一种水作工程。即用砖叠砌、组合成墙，样式极多。常熟西式混合结构建筑常见砌法有英国式砌法（English Bond，即一皮顺砖、一皮丁砖），英国花园墙式砌法（English Garden Wall Bond，即三皮顺砖、一皮丁砖），苏包式或十字式砌法（Cross Bond，即每皮均为一顺一丁，上下错缝砌筑），走砖式砌法（Stretcher Bond/Running Bond，即每皮全为顺砖，上下错缝砌筑）。其中，英国式砌法最为坚固，苏包式最美观但不如英国式坚固。英国花园墙式和走砖式砌法承重效果不佳，因此常用于填充墙或院墙。表 2.3.2.2-2 罗列了常熟西式混合结构建筑（构筑物）常见砖墙砌法，表 2.3.2.2-3 罗列了常见砖墙墙厚。

表 2.3.2.2-2　常熟西式混合结构建筑（构筑物）常见砖墙砌法表

案例与砌法说明	现场照片/测绘图	示意图
山塘泾岸巷内某清水墙面英国式砌法		
新都大戏院旧址北立面英国花园墙式砌法		
福民医院旧址传统空斗砌法		
六房湾18、18-1号民居走砖式砌法		
红桥苏包式/十字式砌法		

表 2.3.2.2-3　常熟西式混合结构建筑（构筑物）常见砖墙墙厚表

案例	墙厚/毫米
新都大戏院旧址北立面外墙	240（一砖墙）
六房湾 18、18-1 号民居	320
福民医院旧址	225（一砖墙）、250
老三星副食品商店、和平理发店旧址	270
浴春池浴室	270
合兴坊	300（一砖半墙）
义庄弄倪宅	360（一砖半墙）
寺后街 32 号民居	450、370

（3）灰缝类型

清水砖墙的灰缝，用石灰或水泥砂浆镶嵌。勾缝的宽度、轮廓、颜色和纹理，对砖墙的视觉特征起到重要作用。砂浆的作用，是使上层砖的荷载能均匀施加于下层砖上表面；增加砖之间的黏附性，提高墙体的整体性；填补砖墙的缝隙，使墙体抵御风雨等环境侵蚀。西式混合结构建筑灰缝类型主要包含平灰缝、平面圆线灰缝、泻板灰缝、倒挣泻板灰缝、凹圆灰缝、方槽灰缝、勾脚灰缝、旧墙重嵌灰缝、方线灰缝、连底方线灰缝、三角灰缝（图 2.3.2.2-3）。

A. 平灰缝：砂浆尚未硬时，用铁板将砂浆压平，与墙面齐。适用于房屋内部清水墙面。

图 2.3.2.2-3　西式混合结构建筑灰缝类型

B. 平面圆线灰缝：中间加一半圆形凹进之圆槽，使砂浆更结实。

C. 泻板灰缝：用洋铁皮挣成斜形，易于泄水，且又美观。

D. 倒挣泻板灰缝：雨雪容易停滞结冻，对砖口损伤极速。

E. 凹圆灰缝：中间凹进，极少见。

F. 方槽灰缝：灰缝深陷，使得日光照晒的阴影深而悦目，但必须考虑砖质是否坚实，严寒气候容易冻损砖口。

G./H. 勾脚灰缝：墙面外表面会做粉刷，灰缝须挣深或凸出，使得粉刷与勾缝嵌合而增加牢固性。

I. 旧墙重嵌灰缝：应先将旧灰沙除去，至少挣深 4 分至 6 分，而出面可嵌任何一种灰缝。

J. 方线灰缝：包括填满挣深的灰缝，出面再用水泥或其他坚硬材料挣出方线。该种制式，主要因为灰缝太宽的缘故。该做法只适用于旧墙的砖口脱落灰缝太大的情况。

K. 连底方线灰缝：嵌平灰缝再挣方线两个程序一气呵成。

L. 三角灰缝：用于石作的灰缝。

(4) 立面重点装饰部位

拱券，是一种用砖块镶砌互相挤撑，里外形成弧圆的结构。拱券中留空档，用来开辟门窗、柱廊或其他用处。常熟西式混合结构建筑常见拱券形式有扇形（弓形）拱券（图 2.3.2.2-4、图 2.3.2.2-5、图 2.3.2.2-6、图 2.3.2.2-7）、半圆形拱券（图 2.3.2.2-8）、椭圆形拱券（图 2.3.2.2-9）。

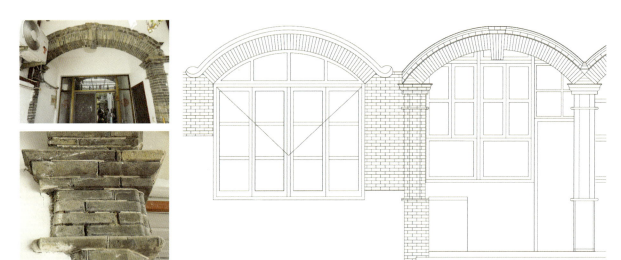

图 2.3.2.2-4　清水砖墙外廊细部（六房湾 18、18-1 号民居）

图 2.3.2.2-5　清水砖墙外廊扇形拱券细部
（中巷 72 号民居）

拱顶砖（石），又称拱心砖（石）、悬顶砖（石）、锁石、象鼻子、老虎牌。拱顶石是拱券正中间最后放下的梯形砖（石），作用是将拱券挤紧，使整个拱券成为一个整体，愈加坚固（图 2.3.2.2-4、图 2.3.2.2-5、图 2.3.2.2-6、图 2.3.2.2-9）

柱头，是柱子或者壁柱最顶端的部分。它在柱身与柱上端承重的部分之间起缓冲的作用，增大柱子的承重面积，保护柱子的边缘。在常熟西式混合结构建筑中，不同形式的柱头及其简化形式，作为古典复兴装饰元素，引入立面砖墙拱券中（图 2.3.2.2-4、图 2.3.2.2-8）。

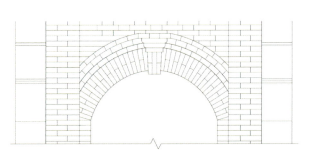

图 2.3.2.2-6　扇形拱券和拱顶砖（合兴坊）

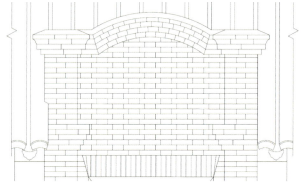

图 2.3.2.2-7　清水砖墙细部和扇形拱券（合兴坊）

第二章　历史建筑形制与特征

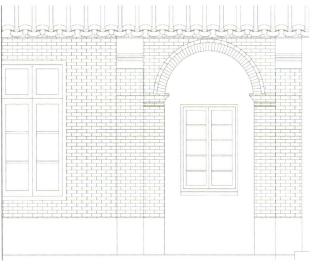

图 2.3.2.2-8　半圆形拱券（中巷 72 号民居）

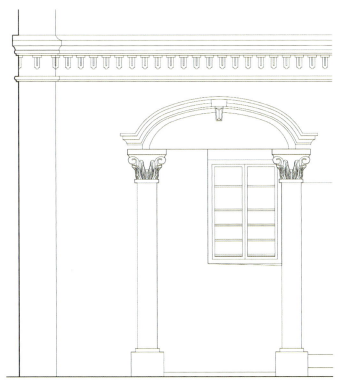

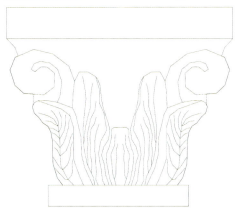

图 2.3.2.2-9　柱头支撑椭圆形拱券（义庄弄倪宅）

（5）墙表面装饰工艺

① 毛粉刷

毛粉刷，是一种涂于外墙的粉刷，其材料多数用水泥，也掺石膏、胶水、白矾石粉及细沙的混合物者。其出面部分并不粉光，故意使其毛糙（图 2.3.2.2-10）。毛粉刷根据表面肌理，还可进一步分成粗糙毛粉刷、最粗糙毛粉刷、铁板痕毛粉刷。铁板痕毛粉刷，是用铁板蘸水泥粉于墙面，使得铁板的痕迹纵横于墙面，别有风趣。图 2.3.2.2-11 罗列了民国时期粉刷泥匠的工具。

图 2.3.2.2-10　毛粉刷（左：浴春池浴室南侧君子弄 28-3 民居；右：健康巷 10 号民居）

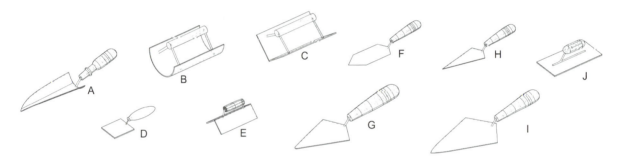

A. 种花铁板；B. 圆铁板；C. 敌角铁板；D 直边铁板；E. 踏步口铁板；F. 挦灰缝铁板；G. 出竖头铁板；H. 铺花砖铁板；I. 砌墙铁板；J. 粉刷铁板。

图 2.3.2.2-11　民国时期粉刷泥匠的工具

② 水刷石

水刷石，也称洗石子或汰石子，是通过在水泥灰浆中，添加不同粒径和颜色的石子混合抹到墙面，在灰浆固化之前用水冲洗，突出石子，使墙面远看具有天然石材质感（图 2.3.2.2-12）。

不同历史建筑中水刷石墙面的石子粒径、配比、灰浆成分各不相同，因此施工之前均须按照原水刷石的配比制作样板。如无法取得原配方，则按照原水刷石形态调配浆料，进行现场对比研究。现场样板通过后，遵从"三拍三洗"的传统工艺流程，进行大面积施工。

③ 灰泥仿石

灰泥仿石，是一种为了模仿精美石雕立面的墙表面装饰工艺，是石材立面的经济替代品。灰泥仿石的衬底材料，通常为砖墙或石墙，灰泥饰面起到保护墙体免受环境影响劣化及遮瑕作用。灰泥仿石装饰外墙主要有五种工艺：平抹工艺、木板条工艺、滑动模具工艺、手工雕型工艺、倒模浇筑工艺。这五种工艺区别主要在于造型的工具和流程，此外，灰泥成分和配比也略有差异。常熟西式混合结构建筑灰泥仿石墙体，可根据装饰部位的形态特点，选择一种或综合运用几种工艺。以常熟义庄弄倪宅为例，平整的墙面，可采用平抹工艺；线脚以及门拱弧线等部位，可采用滑动模具工艺；墙面浮雕等较复杂的部分，可采用木板条工艺或倒模浇筑工艺；拱顶石、柱头花饰等部位，可采用手工雕型工艺（图 2.3.2.2-13）。

图 2.3.2.2-12　水刷石（老三星副食品商店与和平理发店旧址）

图 2.3.2.2-13　灰泥仿石工艺（义庄弄倪宅）

（6）通风口

通风口是一种有利于室内通风干燥的构件。常熟西式混合结构建筑通风口主要分成两类：一类是墙基通风口，即地面构造采用下空做法时，一层地面通过地垄墙将地搁栅垫高，地搁栅下的夹层空间设置通风口，有利于一层楼板的通风干燥。另一类是位于墙体高处的通风口，有利于坡屋顶结构夹层或室内房间的通风干燥。如图 2.3.2.2-14 所示为常熟西式混合结构建筑的常见通风口位置与形态。

（7）墙基防潮构造

西式混合结构建筑一般有墙基防潮构造，以阻断室外和建筑室内地坪之下土壤中的水汽上升，避免墙体受潮劣化。西式混合结构建筑一般采用混凝土（三合土）基础垫层，其上砌筑砖基础大放脚，大放脚与砖墙之间通常设一层防潮层。防潮构造可以采用防水卷材，在墙体的同一高度连续铺设，也可以采用起防潮作用的多孔空心砌体产品，在墙脚的同一高度连续砌筑一层。当西式混合结构建筑的基础埋得较深，部分砖墙埋于土壤之下，为防止室外土壤中的水汽通过防潮层之上的砖墙进入室内，在室外地面之上的砖墙高度一般再设置一层防潮层。另一种常用的防潮构造做法，是在室外地面以下的砖墙之间留出一个空气层，也能起到阻隔室外土壤中的水汽通过墙体进入墙体上部和建筑室内的作用。如图 2.3.2.2-15 所示为常熟西式混合结构建筑墙基防潮情况现状。

预和医院旧址

义庄弄倪宅

福民医院旧址

健康巷 10 号民居

图 2.3.2.2-14　各种建筑通风口位置与形态

义庄弄倪宅

唐市金桩浜陈宅

福民医院旧址

四丈湾 77 号民居

图 2.3.2.2-15　墙基防潮情况现状

2.3.2.3 木结构与木装修部分

（1）木屋架

常熟西式混合结构建筑的屋架结构，引入了不同类型的西式木屋架，最常见的是中柱木桁架（King Post Truss）及其变异形式。例如南泾堂78号民居（图2.3.2.3-1）、徐市西街8—10号民居（图2.3.2.3-2）、支塘北街35号民居（图2.3.2.3-3）的西式木桁架。中柱木桁架结构中，人字木之间由系梁连接，平衡两端墙体的外推力。与此同时，中柱从屋架顶端悬吊下来，提拉系梁，减少系梁因自重而向下的挠度。

基于相同的结构受力原理，木构件与金属杆件结合的桁架形式也在常熟出现。例如老三星副食品商店与和平理发店旧址的屋架，属于较典型的木构件与金属杆件结合的木桁架形式（图2.3.2.3-4）。其中斜角撑为受压构件，仍使用木构件。而中柱（正同柱）等垂直构件均为受拉构件，可使用金属杆件替代。老三星副食品商店与和平理发店旧址屋架的人字木、系梁、斜角撑均为圆形截面，较有地方特色。

（2）楼板搁栅

楼板搁栅，即承托上层楼荷载的木楼板，上面铺设木地板（图2.3.2.3-5）。楼板搁栅的结构构件一般分成两个层次，主架设在两端的砖墙上或砖墙伸出的挑头上，或架设在结构柱上，主梁横截面大，间距宽。次梁架设在主梁之上，横截面较小，间距较窄，次梁之上直接铺设木地板。老三星副食品商店与和平理发店旧址的楼板搁栅分成两个层次，主梁沿建筑进深方向，次梁沿建筑面阔方向，主、次梁的上表面齐平，所有楼板搁栅梁均为矩形截面，穿过正同柱的次梁截面比其他次梁高度大（图2.3.2.3-6）。

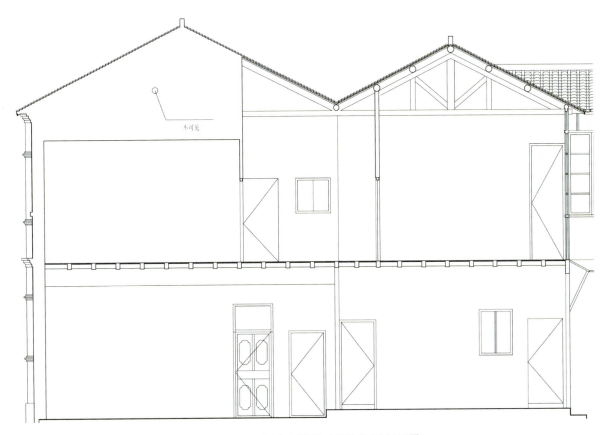

图2.3.2.3-1　西式木桁架（南泾堂78号民居）

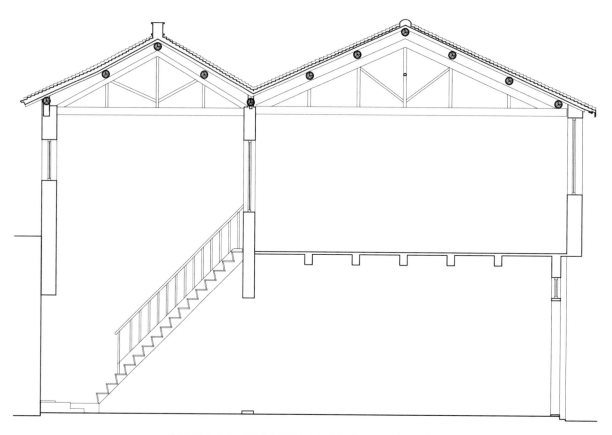

图 2.3.2.3-2　西式木桁架（徐市西街 8—10 号民居）

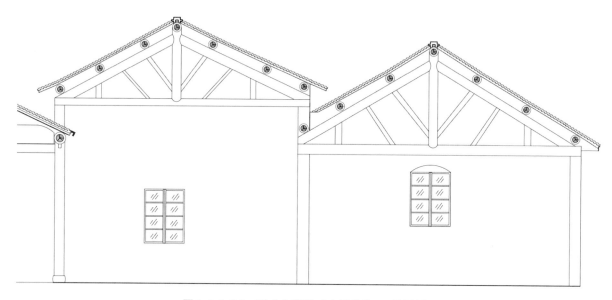

图 2.3.2.3-3　西式木桁架（支塘北街 35 号民居）

图 2.3.2.3-4 木构件与金属杆件结合的西式木桁架（老三星副食品商店与和平理发店旧址）

图 2.3.2.3-5 楼板搁栅（君子弄 47 号民居）

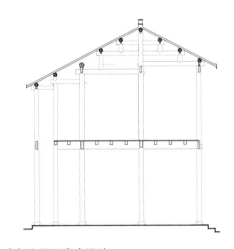

图 2.3.2.3-6 楼板搁栅（老三星副食品商店与和平理发店旧址）

（3）木楼梯

相比传统木构建筑中陡而窄的楼梯，西式混合结构建筑中的楼梯在建筑室内格局中的地位逐渐提升，楼梯布局、栏杆造型等装饰元素更加丰富。例如预和医院旧址楼梯，位于平面布局重要位置；对比和平街 45 号民居第三进楼梯位置，居于后方非显著位置（图 2.3.2.3-7）。

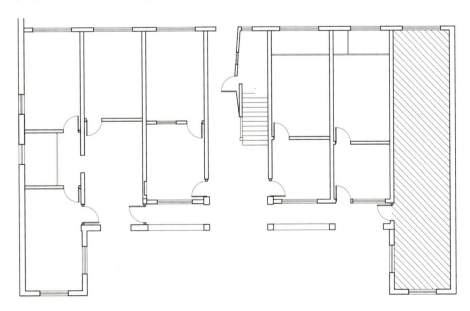

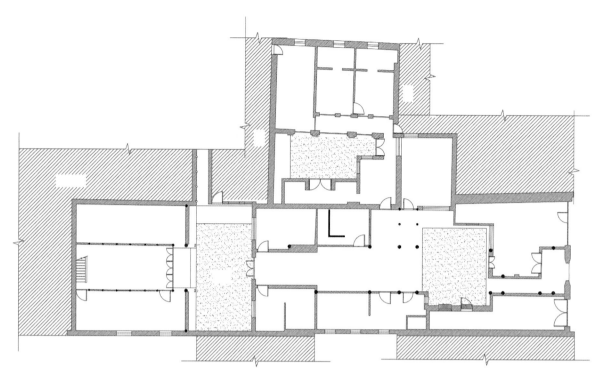

图 2.3.2.3-7　楼梯位置对比（上：预和医院旧址楼梯；下：和平街 45 号民居第三进楼梯）

西式混合结构建筑的楼梯，分成开放楼梯和封闭楼梯。开放楼梯，两侧都没有墙，或者一侧有墙，一侧没有。封闭楼梯，是楼梯两侧都有墙。按楼梯形状分，分为直线楼梯、弧形楼梯。寺后街 32 号民居的楼梯属于弧形楼梯（图 2.3.2.3-8）。

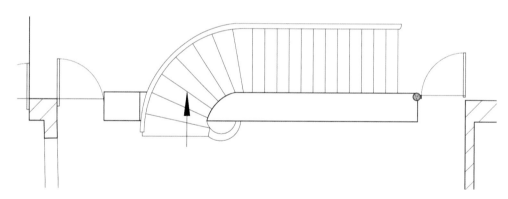

图 2.3.2.3-8　弧形楼梯（寺后街 32 号民居）

西式混合结构建筑的楼梯构造，包含楼梯扶手立柱、栏杆、扶手、踏板（踏步）、挡板（踢脚板）、梯段梁（民国时期又称"扶梯基"）、三角板（图 2.3.2.3-9）。其中，梯段梁与三角板有时并非分开，而是同一块木板。梯段梁，架在楼梯平台的梁上，左右各一根，如果楼梯很宽时，中间有时也有梯段梁。

踏板与挡板一般成直角，如义庄弄倪宅、午桥弄 23 号民居（图 2.3.2.3-10、图 2.3.2.3-11）。

踏板一般都会突出于挡板，在楼梯每一级正面和侧面形成前缘。由于民国时期机械车床的出现，楼梯扶手立柱出现了各种曲线丰富的变截面圆柱（图 2.3.2.3-10）。当设置楼梯的平面长度不足时，通过将挡板下方向内倾斜，增加了踏步的深度，如南泾堂 78 号民居（图 2.3.2.3-11）。

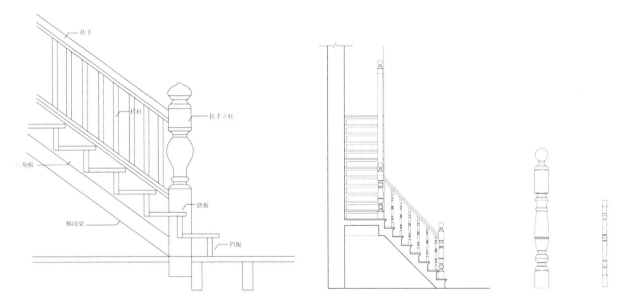

图 2.3.2.3-9 西式混合结构建筑楼梯的主要构件　　图 2.3.2.3-10 典型西式混合结构建筑木楼梯（义庄弄倪宅）

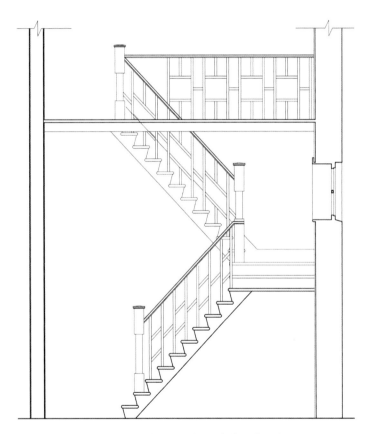

图 2.3.2.3-11 西式混合结构建筑木楼梯（南泾堂 78 号民居）

（4）木板墙

屋内分隔房间及屋檐的二层外墙板墙，常用木条作板墙筋，筋外钉泥幔板条，或钉钢丝网，亦有于木板墙筋中间镶砌砖壁，而涂泥灰，或铺瓷砖（图 2.3.2.3-12）。这种板墙，宜用于建筑的上层（图 2.3.2.3-13），不宜用于一层。因为一层着地，容易受潮，木料易于腐蚀。板墙筋，是板墙中间的木柱直筋，板条即钉在板墙筋上面。木筋砖墙，是在木板墙筋中间镶砌砖壁。

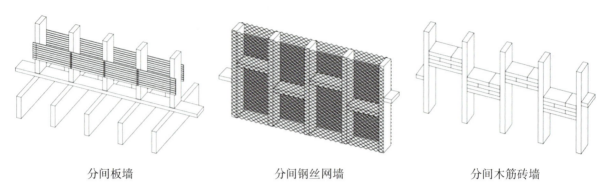

| 分间板墙 | 分间钢丝网墙 | 分间木筋砖墙 |

图 2.3.2.3-12　分间墙的做法

（5）木门窗

西式混合结构建筑的木窗由窗框、窗扇以及五金件三个主要部分构成。其中窗框是窗的骨骼形态，横向构件称为槛，竖向构件成为梃。民国时期建筑功能类型多样，窗户的使用需求随之提升且种类多元化。西式混合结构建筑的窗墙比逐渐改变，出现了上下分割短窗，通过增加横槛进行窗户的组合；固定窗与平开窗、上下平开窗（图 2.3.2.3-14）。其优势在采光量与通风效率与平开窗近似的情况下，能够减少窗户开启所占用的空间。老三星副食品商店与和平理发店旧址整体窗长宽比约为 3∶2，上、下单扇窗长宽比分别约为 2∶1 和 1∶1（图 2.3.2.3-15）。

图 2.3.2.3-13　外墙板墙做法（福民医院旧址）

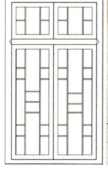

图 2.3.2.3-15　上下分割短窗
（老三星副食品商店与和平理发店旧址）

图 2.3.2.3-14　平开木窗（福民医院旧址）

西式混合结构建筑中也出现了受西方影响的新式木门的形式，例如浴春池浴室的木门，其透气窗、门扇构造、门框、五金合叶，均与常熟传统木门不同（图 2.3.2.3-16）。

传统隔扇门镂空部分常用纸张裱糊，而民国时期延续传统格子样式的隔扇门装饰性较强，窗扇分隔较多，使用透明或彩色玻璃，以获得良好的采光或装饰效果。隔扇门通常位于两柱之间，门扇以双数设计确保中央为可开启的两扇门，常见一联四扇、六扇甚至八扇。隔扇门长宽比约为5∶1、单扇窗长宽比为2∶1—3∶1（图2.3.2.3-17）。

西式混合结构建筑中玻璃种类繁多，如各类冰片压花玻璃、彩绘玻璃、白玻璃、磨砂玻璃、车边玻璃等，由于玻璃自身具备一定的强度，为窗格分割提供了更多可能性。为获得更好的采光效果，对传统格心样式进行简化，常见图案为矩形、菱形等几何图形，长宽比为1∶1—2∶1。窗扇格心通常与亮子格心相呼应，以南泾堂78号民居花窗为例，整体比例约为1∶1，上、下单扇窗长宽比分别约为5∶2和1∶1（图2.3.2.3-18）。

图2.3.2.3-16 民国时期新式木门与五金件（浴春池浴室）

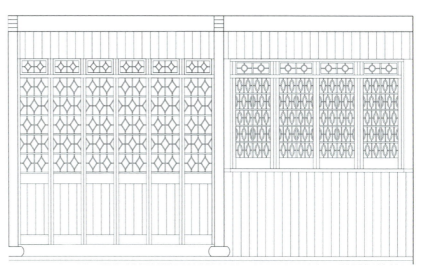

图2.3.2.3-17 延续传统的民国时期木门窗（徐市西街8—10号民居）

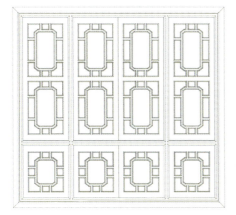
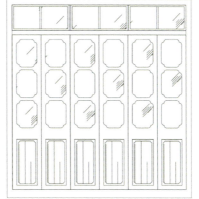
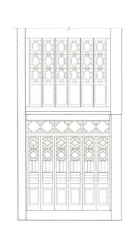

图2.3.2.3-18 民国时期典型木门窗格形制（从左至右：南泾堂78号民居、焦桐街强宅、唐市金桩浜陈宅）

常熟西式混合结构建筑常见的五金件有凤钩、合页、撑档、插销、长销、暗销、执手、门锁等。

（6）木栏杆与木雕装饰

西式混合结构建筑的木栏杆与木雕装饰基本延续清末传统特征（图2.3.2.3-19）。然而由于民国时期机械车床的出现，栏杆立柱、挂落也出现了各种曲线丰富的变截面木圆柱（图2.3.2.3-20）。

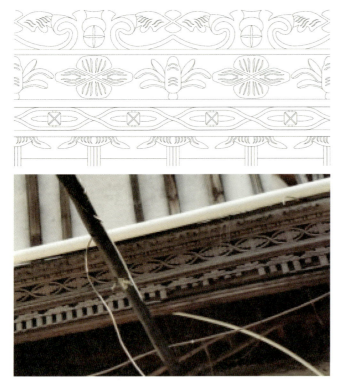
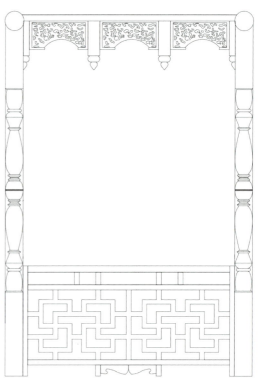

图2.3.2.3-19 民国时期木雕
（上：义庄弄倪宅，下：南泾堂78号民居）

图2.3.2.3-20 民国时期栏杆和
挂落（唐市金桩浜陈宅）

2.3.2.4 屋面与排水部分

（1）屋面材料

屋面起着防止雨水渗漏的作用，避免水对建筑屋架的木质和铁质构件产生不良影响，关系到建筑结构的耐久性。常熟西式混合结构建筑的屋面材料包括传统青瓦和机制瓦（图2.3.2.4-1），但仍以传统青瓦更常见。

图2.3.2.4-1 机制瓦

（2）檐口

常熟西式混合结构建筑出檐距离与传统建筑相似，但屋面坡度与檐角起翘多趋平缓。檐口下方有时钉有板条，表面作灰泥面，用砂浆涂抹于板条之上，使表面平整（图2.3.2.4-2）。

（3）排水构造

西式混合结构建筑多采用西方建筑影响下的排水系统。在排水构造体系中，一方面通过屋面、窗台和地面的倾斜度迅速疏散雨水，另一方面利用水落、雨水斗、排水管、排水井等构件汇聚雨水，形成一套相互配合的管道排水系统。考虑到常熟的全年降水量较多，且存在较长的梅雨季节，因此西式混合结构建筑排水系统的有效运转在保护修缮中十分重要。

图 2.3.2.4-2 檐口（健康巷 10 号民居）

① 水落

水落，又称排水天沟、檐沟，是位于檐口处的水平向的凹沟，起到集聚坡屋面上的雨水，并进一步汇聚至排水管排下的作用。西式混合结构建筑水落多用白铁皮等金属材料制成（图 2.3.2.4-3）。水落在实际使用中有可能因落叶等杂物堆积造成堵塞，引起排水不畅。

图 2.3.2.4-3 水落（寺后街 32 号民居）

② 排水管

排水管，又称水落管或落水管，是引泄屋面水至地面或地下排水系统的竖管。排水管一般通过雨水斗与檐口上的水落相连接，雨水斗上有时印装饰图案或始建年份。排水管主要呈圆形或方形，材料和颜色一般与水落匹配（图 2.3.2.4-4、图 2.3.2.4-5）。

③ 窗台排水

西式混合结构建筑的窗台，主要包括混凝土预制窗台、石制窗台、清水砖砌窗台，砖砌窗台表面粉刷等类型，窗台边沿均突出于外墙面。窗台表面有时设有排水坡、排水沟、滴水槽、滴水线等构造，利于迅速疏散窗周围的雨水（图 2.3.2.4-6）。

④ 地面排水

建筑场地沿外墙有时设有引水渠，雨水通过排水管集中排向地面后，配合场地周围设的倾斜度，将水引入地面引水渠，进一步经由排水井集中排走（图 2.3.2.4-7）。

图 2.3.2.4-4　水落与排水管（健康巷 10 号民居）

图 2.3.2.4-5　雨水斗
（寺后街 32 号民居）

图 2.3.2.4-6　窗台（左：福民医院旧址；右：浴春池浴室）

图 2.3.2.4-7　排水井（君子弄 47 号、南泾堂 78 号民居）

2.4 构筑物形制与特征

2.4.1 石牌坊

2.4.1.1 形制特征

牌坊,是旧时旌表所谓忠孝、贞节的纪念性建筑,其构造材料可分木、石、琉璃、水泥等数种,常熟地区无琉璃牌坊及纯木牌坊,以石牌坊居多。

石牌坊依外观形式的不同,可以分为两类:其一为柱出头无楼,其二为柱不出头有楼。

根据牌坊间数的不同,有三间四柱牌坊与一间两柱牌坊的分别,而根据牌坊之上所架楼的多少,又可分为二柱三牌楼、四柱三牌楼、四柱五牌楼等数种。在常熟地区,石牌坊代表案例有甸桥村石牌坊、冯班墓石牌坊等,均为无楼一间二柱石牌坊,形式简单。高度均在5.5米以下,宽度在5米之内。由于建造年代较早,有些文字已经模糊不清,但冯班墓石牌坊镌刻"高山仰止"四字仍清晰可辨,狄家祠堂牌坊云状雕花亦能辨别。

具体信息见表2.4.1.1-1。

2.4.1.2 重点保护部位

石枋、石柱、石牌科、砷石、字牌、石槛为该时期石牌坊的重点保护部位。其中牌坊的间数,柱是否出头,是否有楼,以及石制牌科的有无,装饰的多少,这些代表等级的要素都非常重要。此外,具有鲜明时代特征的石雕、装饰,如甸桥村石牌坊上的"天恩旌节",冯班墓石牌坊上的"高山仰止"等字样,也应重点保护。

表2.4.1.2-1 石牌坊案例表

现状照片	测绘图	备注
		甸桥村石牌坊(清代历史建筑) 高5.4米,宽5.0米,整体结构保存完好,枋上所镌刻的文字和图案等都保存完好。原有左右两侧承斗拱,左右各三攒,右侧承斗拱已损毁丢失

现状照片	测绘图	备注
		冯班墓石牌坊（清代历史建筑） 高 3.6 米，宽 2.3 米，其坊柱和坊额等保存完好，坊额上所镌刻"高山仰止"四字清晰易辨

2.4.2 砖石桥

2.4.2.1 形制特征

常熟的桥梁资源非常丰富，明清以支塘虹桥、濮河桥等为代表，当代以红桥、新胜桥为代表。其中，明清桥梁材质多为花岗石砌筑，结构形式为单孔条石穿板桥。各个桥梁结构保存较为良好，桥基、桥面、墩基、踏步等保存较好。濮河桥等一系列经历过历史大事件的桥梁上所刻的图案、文字等，依然清晰可辨。

中华人民共和国成立初期的常熟桥梁主要建于 20 世纪 60—70 年代。该时期的桥梁与明清传统桥梁在结构形式上具有明显区别。例如，红桥与沈市反修桥为双曲砼拱券红砖敞肩拱桥。该时期的桥梁一般体量轻薄，跨度较大，具有技术性较强的结构特征。

具体信息见表 2.4.2.1-1。

表 2.4.2.1-1　砖石桥案例表

介绍	支塘虹桥（清代），东西走向，系花岗石砌筑方形单孔条石穿板桥。矢高 2.5 米，桥面原铺以木板，今由 3 块石板拼铺而成，东西桥径宽约 2.5 米，跨径 5.9 米，全长约 14 米。整体结构基本完整，墩基和踏步等保存完好
测绘图	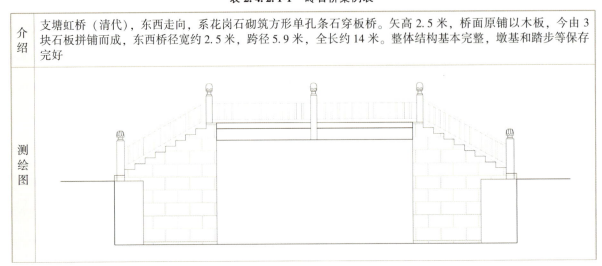

续表

介绍	濮河桥（清代），系花岗石砌筑的方形单孔条石穿板桥。东侧桥墩条石上刻有"重修濮河桥"五个大字，"岁次癸丑""仲冬吉日"两行小字。整体结构完整，石板、桥堍、踏步和石刻楹联等基本保存完好
测绘图	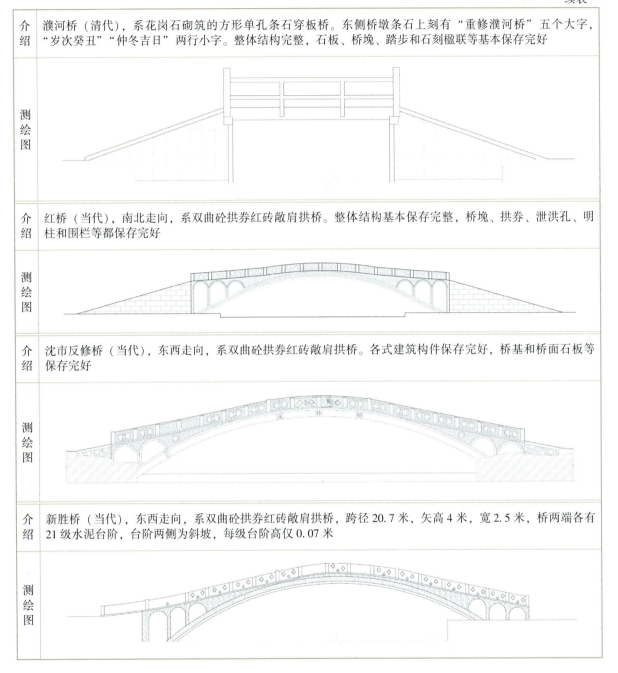
介绍	红桥（当代），南北走向，系双曲砼拱券红砖敞肩拱桥。整体结构基本保存完整，桥堍、拱券、泄洪孔、明柱和围栏等都保存完好
测绘图	
介绍	沈市反修桥（当代），东西走向，系双曲砼拱券红砖敞肩拱桥。各式建筑构件保存完好，桥基和桥面石板等保存完好
测绘图	
介绍	新胜桥（当代），东西走向，系双曲砼拱券红砖敞肩拱桥，跨径20.7米，矢高4米，宽2.5米，桥两端各有21级水泥台阶，台阶两侧为斜坡，每级台阶高仅0.07米
测绘图	

2.4.2.2 砖石桥重点保护部位

明清桥梁以石墩、石板、桥堍、踏步、桥身为重点保护部位。此外，部分石桥本体的石刻，如以濮河桥桥身上"岁次癸丑""仲冬吉日"两行小字为代表，也应重点保护。

当代桥梁以桥堍、拱券、泄洪孔、明柱、围栏、桥基、桥面为该时期桥梁的重点保护部位。此外，具有鲜明时代特征的石雕、装饰等也应重点保护。

第三章 修缮设计

3.1 修缮设计总体要求

3.1.1 一般规定

历史建筑修缮设计应保持、保留原有建筑风貌，并满足安全、适用、经济、环保的要求。

历史建筑修缮设计前应收集历史建筑的相关资料，包括历史沿革，建筑图纸，历次维修、改造情况等相关信息。同时应对其进行综合评估，包括价值评估，保存状况以及管理或使用状况评估。

历史建筑修缮设计应重点保护具有价值的空间格局、建筑样式、工艺技术以及建筑使用功能特征等重要特征要素。

历史建筑重点保护部位的修缮，应根据价值评估确定修缮措施。

3.1.2 周边环境保护要求

历史建筑修缮设计应统筹考虑周边环境的保护。其内容包括道路、水系、建筑群以及环境要素（绿化、水井、驳岸等）等。

历史建筑修缮设计应适时拆除违章建筑和对风貌影响较大的搭建。同时还应考虑建筑立面附着物的整治，包括空调外机、各类管线、落水管、雨棚等。

3.1.3 历史建筑保护修缮要求

历史建筑修缮设计应对历史建筑平面形制、立面特征、结构体系、内部装饰、水电暖通和设备以及防灾等提出全面的技术要求。

历史建筑修缮设计应对建筑形制和保存状况进行评估，根据评估结果汇总存在问题，并提出修缮措施。对历次维修中已改动或添加的部位或构件，应根据价值评估结果，结合保存状况和日后功能确定保护措施，一般有恢复原状、保持现状以及拆除三种措施。完全损毁的历史建筑复原设计，应充分掌握复原依据，论证后实施。

历史建筑修缮设计应在保护的前提下，完善或改善其使用功能，并结合实际使用状况进行必要的加固。功能复原或改变时应充分论证，功能变更应多方案比选，优选可逆方式；功能复原应有复原依据，并采用原材料、原工艺、原形制、原做法进行复原。

历史建筑修缮设计选用的修缮措施应以少干预为原则，优先选用原修建技术体系内的技艺。采用现代技艺进行维修或加固时应具有可逆性，与原建筑应协调并与之所区别，且不得对原结构产生不良影响。

历史建筑结构加固设计，应对历史建筑尽可能地进行可靠性或安全性鉴定，结构鉴定应委托专业检测鉴定单位进行。加固设计应根据检测鉴定的报告结论，解决结构安全性问题，并满足使用要求。历史建筑抗震要求按相关规定执行或由专家进行论证。

历史建筑结构鉴定及加固设计应符合下列要求。

◇ 对于 1840 年以前建造的房屋（一般为传统木结构的古建筑）可按照《古建筑木结构维护与加固技术标准 GB/T 50165—2020》和《古建筑砖石结构维修与加固技术规范 GB/T 39056—2020》进行鉴定；其加固措施应优先采用传统的结构加固方法，且不得破坏重点保护部位。加固设计可按照《古建筑木结构维护与加固技术标准 GB/T 50165—2020》和《古建筑砖石结构维修与加固技术规范 GB/T 39056—2020》的要求进行设计。

◇ 对于在 1840—1978 年期间建造的房屋（一般为砖混结构、砼框架结构的近现代建筑）可按照《近现代历史建筑结构安全性评估导则 WW/T 0048—2014》进行鉴定；其加固措施应在不破坏重点保护部位的前提下，参考《民用建筑修缮工程勘查与设计标准 JGJ/T 117—2019》进行设计，同时，应注意与原建筑的协调性，且尽量做到加固方法可逆。

◇ 对于 1978 年以后建造的房屋（当代类）应按照《既有建筑鉴定与加固设计通用规范 GB 55021—2021》《民用建筑可靠性鉴定标准 GB 50292-2015》和《建筑抗震鉴定标准 GB 50023—2009》进行可靠性鉴定和抗震鉴定。其加固措施，应按现行的国家规范和地方、行业标准进行加固设计。

◇ 一般情况下，如须进行抗震加固设计可参见《建筑抗震鉴定标准 GB 50023—2009》A 类建筑的要求。对于"古建筑"和"近现代建筑"，应以满足安全性和耐久性要求为目标。在满足技术、经济可行性和建筑保护要求的前提下，在不降低现有抗震性能的情况下，宜提高其抗震性能。

历史建筑的结构加固应以满足安全性和耐久性要求为目标，在满足技术、经济可行性和建筑保护要求的前提下，在不降低现有抗震性能的情况下，宜提高其抗震性能。

为满足历史建筑继续利用的要求，提升历史建筑使用功能，增强舒适性，可根据当前或日后使用功能，对水、电、设备等系统进行更新或改造设计。

历史建筑相关水、电、设备改造或提升设计，应保证在正常使用下与建筑风貌相协调。其安装不得附着于重点保护部位，运行不得对重点保护部位造成不良影响。

历史建筑应提高本身防灾能力，不能满足国家现行相关规范时，应按照规范要求采取补救措施。

3.2 修缮工程设计工作

3.2.1 修缮工程设计阶段及工作内容

历史建筑修缮工程设计阶段分为勘察评估阶段和设计阶段。

勘察评估阶段主要工作内容包括前期调研、现状勘察和评估工作。本阶段的主要目的是探查和评估历史建筑的保存状态、破坏因素、破坏程度和产生原因，为工程设计提供基础资料和必要的技术参数。

设计阶段主要工作内容包括方案设计和施工图设计。设计方案应依据现状勘察及评估结果编制，并确定工程性质以及修缮规模和修缮方式；编制各建筑分项的保护措施，且保证技术措施的合理性和可行性，并可指导施工图设计。同时还应进行工程量估算和编制工程概算。施工图设计，应根据已批准的方案设计文件和批准文件中的修正意见编制。施工图设计应对工程规模、工程部位、工程范围进行控制，依据设计方案细化技术措施、材料要求、工艺操作等方面的内容，并应可指导施工，实施对病害的具体技术性措施，满足设备材料采购、基本构件制作及施工组织方案编制的需要。施工图设计能据以编制工程招投标文件、编制工程预算并核算各项经济指标的准确性。

3.2.2 工程性质与修缮方式

3.2.2.1 工程性质

工程性质是历史建筑保护修缮项目的工程规模、工程目的以及实施方式或干预程度等基本属性的反映，可分为保养维护工程、重点修复工程（重点维修和局部复原工程）、改造利用工程、抢险加固工程、迁移工程。

工程性质根据现状勘察情况和评估结果进行确定；工程性质应以单体建筑为单位进行选取（建筑群各单体可选取不同的工程性质）；作为单体建筑其"保养工程"和"重点修复工程"不得混用。"利用工程"可以和其他工程性质组合运用。

（1）保养维护工程

系指不改动历史建筑结构、外貌、装饰、色彩，针对其轻微损害所作的日常性、季节性养护（以下简称"保养工程"）。

（2）重点维修和局部复原工程

系指为保护历史建筑所必需的结构加固处理和维修。其要求是保持历史建筑现状或局部恢复其原状。恢复原状包括恢复已残损的结构和改正历代维修中有损原状以及不合理地增添或去除的部分。对于局部复原工程，应有可靠的考证资料为依据（以下简称"重点修复工程"）。

（3）改造利用工程

在保持历史建筑风貌和结构体系的前提下，根据使用功能对建筑本体进行的空间改造、结构补强、设备增补等的工程。改造利用工程所采取的各项措施应具有可逆性及可识别性（以下简称"利用工程"）。

（4）抢险加固工程

系指历史建筑突发严重危险、受条件限制且不能进行彻底修缮时，对历史建筑采取具有可逆性的临时抢险加固措施的工程。

（5）迁移工程

系指因保护工作特别需要，对历史建筑无法实施原址保护且并无其他更为有效的手段时，所采取的将历史建筑整体或局部搬迁、异地保护的工程。

3.2.2.2 修缮方式

（1）修缮方式种类

修缮方式是反映解决单体建筑现存主要或重点问题所采取的措施或策略，即修缮的理念或方向（修缮方式是根据建筑单体提出的）。因此修缮方式应根据现状评估的结果，在工程性质的框架下进行选取。

修缮方式应根据建筑类型以及工程条件、工程的实施或操作等多方面确定，可进行多项组合。修缮方式种类较多，包括但不限于如下内容。

保养工程：屋面除草清垄，局部换瓦或补瓦，屋面翻楞检修或补漏，油漆保养（非重做），疏通排水设施，检修防潮、防虫措施等。

重点修复工程：恢复格局，恢复原有构造或构件；揭顶不落架、重铺屋面；打牮拨正；局部或全部落架大修；更换构件、结构或构件补强；体外加固；地基或基础加固；重做油漆或油漆修补、保养；检修或重做防潮、防腐、防虫措施。

利用工程：空间功能改造，改换铺装、水电管线检修、改造等，暖通设备维护或更新，防火、防雷装置。

抢险加固工程：临时体外加固。

迁移工程：整体平移，拆解迁移。

（2）常用修缮方式的运用

① 揭顶不落架

非主要受力构件的更换，或虽为受力构件但可采用加固方式且必须进行揭顶，同时不涉及架下结构才能实施维修措施的，可采用揭顶不落架的方式。

传统木结构建筑：椽、连沿、望板等木基层因糟朽、破损或缺失、改动须进行更换的，以及桁条须进行加固，抑或柱网须纠偏等，可采用揭顶不落架的方式。

砖木（砼、石混合结构）结构建筑：仅屋面木基层须进行修缮，屋架无损或仅在原位加固无须拆解的，可采用揭顶不落架的方式。

② 落架大修或局部落架

构件存在大量糟朽、变形或破损，经评估无法加固不能继续使用的，且必须拆卸上部构件才能实施维修措施的，可采用此法。

传统木结构建筑：当柱、四界梁、承重、搁栅以及各类梁枋因更换须拆卸上部构件的（如须拆卸桁条、山界梁等），可结合实际残损程度和残损量，选择全落架或局部落架。选择局部落架时应做好不落架部分的防护措施。

砖木（砼、石混合结构）结构建筑：因木屋架损坏严重，必须拆卸更换的，可采用对屋架进行拆卸的落架方式。但其承重墙体或砼柱梁体系，不得落架，应避免使用此法。

③ 体外加固

原技术无法解决现存问题，或因时间、经费有限，抑或仅少量构件受损影响较大时，可采用体外加固的方式。其特征为体外加固构件或体系与原构件共同工作或取代原构件的修缮方式。如存有彩绘的木构件发生变形，采用外加支撑的方式进行加固；四界梁发生开裂或变形较大，且屋面和其他木构件保存较好的情况下采用支撑支顶四界梁的加固方式；砖木结构内部增设框架结构的加固方式。选择体外加固的修缮方式时，应进行多方案遴选，经充分论证后选用。体外加固应具有可逆性，且区别于原构件或体系，但又与之协调。

3.2.3 修缮内容和修缮措施

修缮内容是根据评估汇总的问题而明确的具体修缮工作内容。

修缮措施是在确定工程性质和修缮方式的前提下，针对修缮内容提出的具体解决方法。此外，重点修复工程因其工程属性，一般情况下其修缮措施干预程度会较大，但也存在建筑的某些部位因损坏较小，所采用干预较小的措施的情况；此类措施会采用"保养工程"所采取的修缮措施，但尚不能改变其工程性质。（如某建筑因大木构架糟朽，须采用揭顶不落架的方式，更换及加固部分构件，但原有木楼板仅须保养维护即可。其工程性质仍为重点修复工程，不能因楼板选用保养的模式而改变工程性质。）

修缮措施可按单体建筑（构筑物）的各个分项进行编制，其分项划分如下。

传统木结构建筑：屋面，大木构架（柱、梁枋、承重、搁栅、楼梯等），木基层，墙体、楼地面，装折（门窗、抹灰、挂落、栏杆、油漆等），地基基础。

砖木（砼、石混合结构）混合结构建筑：屋面，主体结构（屋架、柱、楼盖、楼梯、墙体），楼地面，装饰（门窗、吊顶、栏杆、线脚、各类抹灰、护墙板等），地基基础。

构筑物：上部结构，地基基础。

3.2.4 设计文件构成及主要编制内容

3.2.4.1 设计文件构成

设计文件可分为方案设计文件和施工图设计文件。

3.2.4.2 设计文件主要内容及编排顺序

（1）方案设计文件主要内容及编排顺序

① 封面

写明方案名称、设计阶段、设计单位、编制时间。

② 扉页

写明建设单位或委托单位、勘察设计单位，并加盖单位公章和勘察设计资质专用章。写明勘察设计单位法定代表人、技术总负责人、项目主持人及专业负责人的姓名，并经上述人员签署。

③ 目录

④ 概况

⑤ 地理位置与保护区划

⑥ 历史沿革

⑦ 价值评估

⑧ 现状勘察、现状评估

⑨ 方案设计

⑩ 工程概算

（2）施工图设计文件主要内容及编排顺序

① 封面

写明工程名称、编制单位、编制时间

② 扉页

写明设计单位，并加盖单位公章和勘察设计资质专用章。写明单位法定代表人、技术总负责人、项目主持人及专业负责人、审校人姓名，并经上述人员签署。

③ 目录

④ 施工图设计说明

⑤ 施工图图纸

⑥ 施工图预算（由建设单位委托专业单位编制）

设计文件编制深度要求参见本书1.5设计文件编制要求。

3.3 传统木构建筑修缮措施

3.3.1 屋面

3.3.1.1 保养工程

原则上以不揭顶为主，针对实际情况可采取除草清垄；抽换破碎的底瓦，更换盖瓦，补齐缺失的花边（沟头）滴水等；若屋面存在局部漏雨，且漏雨位置明确（非其他部位渗透），或檐口存在少量木椽、封檐板等构件（其范围应不大于三根木椽，且均在同一位置的构件）糟朽的，可采用局部翻楞的方式进行补漏。采用此法仅限于须翻楞的瓦楞数不大于5楞，且长度不宜大于一界椽。更换椽子数或封檐板等木基层的范围，不宜超过三根椽间距。对于屋脊仅可进行刷水、抹灰修补、补齐缺失的少量脊饰以及修补局部破损处。对于因断裂而产生的裂缝，不应纳入保养工程。

3.3.1.2 重点修复工程

屋面渗漏较为严重，瓦、椽、桁等构件残损情况较为严重，抑或须进行打牮拨正、更换构件等涉及屋面以下部位须大范围进行维修的，可采用揭顶重铺的方式进行。重铺屋面及屋脊修复应按原状进行，并尽量使用原有材料（瓦、望砖等）；若原有屋脊已不存，应按当地同类型建筑屋脊样式及当地传统做法进行修复。此外，屋面的修缮应甄别原有屋面和后期搭建屋面，原则上应对无保留价值的后期搭建进行拆除。若因使用功能需求，可暂且保留，但修缮设计应做好风貌协调设计（如减少体量，降低高度，适当的隐藏以不影响主立面）。

因使用要求或功能需求等情况，可对屋面增设防水层，但必须做好防滑措施。若须增加刚性防水层或砂浆找平层以及保温层等，应对之下结构进行复核（包括基础复核），若不满足要求，应对结构体系进行加固，方可增加。同时屋面增设防水层、保温层和找平层等时，不得影响原屋面外观。此法也可纳入"改造利用工程"。

3.3.2 大木构架

3.3.2.1 保养工程

保养工程一般不涉及大木构架的维护，但若遇桁或柱等木构件因温差或湿度等引起的，而非承载力引起的干缩裂缝，其裂缝宽度在3毫米以内的可采用油漆腻子勾抹的方式修补。宽度在3—30毫米，可采用木条嵌补，耐水性胶黏剂粘牢。宽度大于30毫米时，除用木条及耐水性胶黏剂补严粘牢外，应在开裂处加铁箍2—3道。若开裂段较长，其箍距不宜大于0.5米。铁箍应具有可逆性，可采用螺栓拴紧的方式连接，待今后大修时再作处理。

3.3.2.2 重点修复工程

（1）整体维修和加固措施

大木构架整体维修和加固，根据残损程度可分为落架大修（或局部落架）、打牮拨正和修整加固。

① 落架大修（或局部落架）

全部或局部拆卸木构架，对残损构件或残损点逐个进行修缮，更换残损严重的构件，再重新安装，并在安装时进行整体加固。

② 打牮拨正

在不拆卸木构架的情况下，使倾斜、扭转、拔榫的构件复位，再进行整体加固。对个别残损严重的梁枋、斗拱、柱等应同时进行更换或采取其他修补加固措施。

③ 修整加固

当木构架变形较小，构件位移不大，但存在榫卯节点较为薄弱，或构造缺陷等不良情况时，可在不揭除瓦顶或揭顶后不拆构架的情况下，对木构架进行的节点及整体加固的方式。当大木构架部分构件拔榫、弯曲、腐朽、劈裂或折断比较严重，必须使榫卯归位或更换构件重新安装的情况下，对大木构架采用先归安再整体加固的方式。

大木构架进行整体加固时，加固方案不得改变原来的受力体系；对原结构构造的固有缺陷，应采取有效措施进行处理，对所增设的连接件应采取隐蔽措施。对本应拆换的梁枋、柱，当其价值较高而须保留时，可采用体外支撑的方式进行加固，或经论证后采用现代材料进行补强。木构架中原有的连接件，包括椽、桁和构架间的连接件，应全部保留。当有缺失时，应重新补齐。加固所用材料的强度应与原结构材料强度相近，耐久性不应低于原有结构材料的耐久性。

木构架中，榫卯连接构造较为薄弱，在整体加固时，根据构造情况，可采用扁铁连接加固（如柱与额枋连接处、梁端连接处、川及双步与内柱连接处）。其他可采用半银锭榫连接加固。

（2）木构件修缮措施

① 木柱

当木柱存在干缩裂缝时，根据实际情况可采用嵌补及加铁箍的加固措施或更换新柱。

当柱心完好，表面糟朽，可采用剔补的措施。

当柱脚严重糟朽，且自底面向上不超过1/4时，可采用墩接的措施。

当柱子内部糟朽、蛀空，根据实际情况可采用灌浆加固或更换柱子的措施。

② 梁枋

糟朽处理：当梁材构件的糟朽可采用粘贴木块修补时，应先将腐朽部分剔除干净，经防腐处理后，用干燥木材按所需形状及尺寸制成粘补块件，以改性环氧结构胶粘贴严实，再用铁箍或螺栓紧固。如须更换时，宜选用与原构件相同树种的干燥木材制作新构件，并应预先进行防腐处理。

梁枋干缩裂缝处理：当构件的水平裂缝深度（当有对面裂缝时，用两者之和）小于梁宽或梁直径的1/3时，可采取嵌补及加铁箍的措施。当构件的裂缝深度（当有对面裂缝时，用两者之和）超过梁宽或梁直径的1/3时，应进行承载能力验算。当验算结果能满足受力要求时，可采用嵌补及加铁箍的措施；当不满足受力要求时，应按下列的方法进行处理。

挠度过大或断裂处理：当梁枋构件的挠度超过规定的限值或发现有断裂迹象时，可在梁下面支顶立柱；当条件允许时，可在梁枋内埋设碳纤维板、型钢或采用其他补强方法处理；此外，还也可考虑更换构件。

脱榫处理：榫头完整，仅因柱倾斜而脱榫时，可先将柱拨正，再用铁件拉接。

当梁枋完整，仅因榫头糟朽、断裂而脱榫时，可用新制的硬木榫替代，新榫与原构件应安装牢固，其截面尺寸及其与原构件嵌接的长度，应按计算确定，并应在嵌接长度内加箍固紧。

承椽枋的侧向变形和椽尾翘起处理：椽尾搭在承椽枋上时，可在承椽枋上加设压椽枋的措施。椽尾嵌入承椽枋外侧的椽窝时，可在椽底面附设枋木的措施。

角梁（老戗和嫩戗）梁头下垂和腐朽，或梁尾翘起和劈裂处理：老戗头糟朽部分其长度未伸入嫩戗根部位置时，可根据糟朽情况进行修补或另配新梁头，并应做成高低榫头或雌雄榫头对接。接合面应采用环氧结构胶接牢固。对斜面搭接，还应加两个或以上螺栓或铁箍加固。当梁尾劈裂时，可采用环氧结构胶黏接并加铁箍紧固。梁尾与桁条搭接处可采用铁件、螺栓连接。嫩、老戗及扁担木、菱角木宜采用螺栓固紧或用扁铁箍紧。

③ 斗拱

维修斗拱时，不得增加杆件。但对清代中晚期个别斗拱有结构不平衡的，可在斗拱后尾的隐蔽部位增加杆件补强；当转角牌科大斗有严重压陷外倾时，可在平板枋的搭角上加抹角枕垫。

斗拱中受弯构件的相对挠度，如未超过1/120时，可不更换。当有变形引起的尺寸偏差时，可在小斗的腰上粘贴硬木垫，但不得放置活木片或模块。

④ 木楼梯

木楼梯于休息平台拉脱处理：拉脱处采用木料绑接的方式进行加固。

踏步板磨损处理：更换或拆卸后翻转使用。

梯梁变形或糟朽：更换或去除糟朽部分并镶补后，设辅助梯梁或辅柱。

（3）大木构架（承重木结构）勘察要点

承重木结构的勘察，应包括下列内容：结构、构件及其连接的尺寸，承重构件的受力和变形状态，主要节点、连接的工作状态，结构的整体变位和支承情况，历代维修加固措施的现存内容及其目前工作状态。

当须评定结构安全性时，承重结构的勘察，应按《古建筑木结构维护与加固技术标准 GB/T 50165—2020》中规定的勘察项目和内容进行。

对承重木结构整体变位和支承情况的勘察，应包括下列内容：测算建筑物的荷载及分布，检查建筑物的地基基础情况，观测建筑的整体沉降或不均匀沉降，实测承重结构的倾斜、位移、扭转及支承情况，检查支撑或其他承受水平作用体系的构造及其残损情况。

对承重木结构木材材质及其劣化状态的勘察，应包括下列内容：查明木材的树种及其材质情况，测量木材腐朽、虫蛀、变质的部位、范围和程度，测量对构件受力有影响的木节、斜纹和干缩裂缝的部位和尺寸。对下列情况，尚应测定木材的强度或弹性模量：须做承载能力验算，且树种较为特殊；有过度变形或局部损坏，但原因不明；拟继续使用火灾后残损的构件；须研究木材老化变质的影响。

对承重构件受力状态的勘察，应包括下列内容：

A. 梁、枋构件：梁、枋跨度或悬挑长度、截面形状及尺寸、受力方式及支座情况，梁、枋的挠度和侧向变形（扭闪），桁、椽、搁栅的挠度和侧向变形，桁条滚动情况，悬挑结构的梁头下垂和梁尾翘起情况，构件折断、劈裂或沿截面高度出现的受力皱褶和裂纹，屋盖、楼盖局部坍陷的范围和程度。

B. 柱类构件：柱高、截面形状及尺寸，柱的两端固定情况，柱身弯曲、折断或劈裂情况，柱头位移，柱脚与柱础的错位，柱脚下陷；

C. 牌科：牌科构件及其连接的构造和尺寸，整攒牌科的变形和错位，牌科中各构件及其连接的残损情况。

对主要连接部位工作状态的勘察，应包括下列内容：梁、枋拔榫，榫头折断或卯口劈裂；榫头或卯口处的压缩变形；铁件锈蚀、变形或残缺.

对历代维修加固措施的勘查，应重点查清当前结构的受力状态和是否有新出现的变形或位移以及原受损修补处是否有新出现的残损（如原腐朽部分挖补后，是否重新出现腐朽）。是否存在因维修加固不当，对建筑其他部位造成的不良影响。

3.3.3　木基层（椽、板类构件）

3.3.3.1　保养工程

当椽、望板及连沿、勒望、瓦口板等木基层发生表层糟朽时（糟朽深度普遍在 1 毫米左右，最大不超过 2 毫米），可采用砂皮打磨的方式，磨去表面糟朽，然后重新油漆保护。此类残损一般发生在檐口，若室内外大面积出现，不应作为保养工程。

若屋面绝大多数木椽完好，个别需要更换，因受工作条件限制，不易抽换时，可重新制作一根或两根，顺原椽身方向插入，搭在上下两根桁条上，用钉子钉牢，起替代作用。待日后大修时再作调整。

3.3.3.2　重点修复工程

若椽子、望板及连沿、勒望、瓦口板等大面积糟朽时，应采用揭顶的修缮方式进行更换。更换木基层时，首先应考虑将拆卸下的构件，对尚能使用部分，采用以长改短的方式原物利用。然后再按实际情况，按原形制、原材质、原做法重做。

3.3.4　墙体

3.3.4.1　保养工程

保养工程一般不涉及墙体维护，仅当存在零星掉落或缺失情况，可采用同材质砌筑材料进行整修。

3.3.4.2 重点修复工程

墙体损坏情况一般有倾斜、空鼓、鼓胀、裂缝、酥碱以及局部残缺等现象。确定修缮措施前应分析其产生的原因。特别是对倾斜、裂缝的分析，其产生的原因有基础下沉引起的、自然力因素造成的、周边振动影响的、施工误差累计产生的，这些影响因素可能是单独作用，也可能是互相作用产生的，因此必须对其进行原因分析，针对性地选择修缮措施，以防止修缮无效果。此外墙体损坏情况可能存在较为复杂的产生原因，应结合基础、主体结构的情况一起评估分析，修缮措施也应结合其他部位，依据修缮方式进行选择。

墙体修缮措施应优先选择原做法体系的各种技艺，当条件限制时经方案遴选分析后可采用现代修缮技艺。

对于倾斜或裂缝，应按《古建筑木结构维护与加固技术标准 GB/T 50165—2020》进行评估，若在此标准允许范围内，且确定此类残损已经停止发展，结合工程实际情况可选择保持现状的方式。

（1）传统做法体系技艺

可根据残损程度选择剔凿挖补、择砌、局部拆砌和拆除重砌以及局部整修等方式进行维修。

剔凿挖补：整个墙体较好，局部酥碱严重（残损点范围不大于三块砖，以及残损点数量较少，位置比较分散的情况下），可采用此法。此外，当墙面砖块酥碱深度较浅，且面积及分布数量较少时，也可保持现状不作处理。

择砌：局部酥碱、空鼓、鼓胀或损坏部位在墙体中下部，整个墙体比较完好时，可采用此法。

局部拆砌：如酥碱、空鼓、鼓胀的范围较大，经局部拆砌可排除危险的，可采取此法。局部拆砌只适合墙体上部损害，即经拆除后，上部无墙体存在的情况。若损坏部分在下部，不得采用此法，只能选择择砌。

拆除重砌：如墙体存在裂缝、倾斜等已涉及安全，可采用此法。

局部整修：整个墙面较好，但墙体上部某处残缺，可采用此法。如整修博风、垛头、围墙瓦顶等。具体做法可参考局部拆砌做法。

（2）现代技艺修缮

面层加固：由于历史建筑年代久远，墙体虽未发生倾斜、裂缝以及鼓胀等情况但整体强度较差时，因施工周期限制，或因工作面限制（如与毗邻建筑合用墙体，抑或因拆除后影响周边建筑安全、使用等情况）等各种复杂情况无法拆除重砌时，可采用钢筋砼或高延性混凝土对墙体面层进行加固，有条件时应采用双面加固。

灌浆加固：当墙体出现裂缝时候，可采用灌浆方式进行加固。

3.3.5 楼地面

3.3.5.1 保养工程

当楼地面存在零星破损、局部表面磨损、缺失，可采用更换、剔补的措施。

当铺装块材隙缝较大时，可采用嵌补的措施。

3.3.5.2 重点修复工程

楼地面存在下沉，可采用基层垫实，重新归位的措施，如地面方砖下沉，可先拆卸地面下沉方砖，再用与原基层相同的材料（一般为砂）填实。若楼面木地板下沉，可先拆卸下沉的木楼板，整修之下搁栅，再安装木楼板。若还存有空隙，可在楼板和搁栅间用薄硬木片垫实。此外，楼地面下沉应结合大木构架、基础等先进行原因分析，判断下沉原因是自身材料应变造成的，还是因其他因素造成的，尔后再确定修缮措施。

楼地面存在破损、磨损、糟朽的一般采用按原材料、原规格进行更换。

楼地面因历次维修已作改动的，但仍满足功能使用的，经过评估分析可保留现状。或经评估无保留价值的，根据工程实际情况或日后使用功能，按原做法进行调整。无原做法参考时可按当地同时期，类似建筑做法进行调整。

楼地面修缮设计应重点保护原有铺装样式及防水构造，并合理选取楼面荷载。

3.3.6 装折

3.3.6.1 保养工程

（1）门窗

当门窗玻璃缺失时，采用补齐玻璃的措施。

当门窗木料因收缩出现裂缝时，根据裂缝宽度可采用油漆腻子勾抿或木条胶黏剂嵌补粘牢等措施。

门窗开启不便或整体松弛时，可采用拆卸整修的措施。

五金配件缺失时，可进行补配。损坏时，可进行更换。

（2）抹灰

当存在脱落、空鼓、开裂时，可在受损处，按原抹灰形式，重新抹灰及涂刷涂料。

（3）挂落、栏杆等

当存在松动时，采取拆卸整修的措施，做法同门窗的拆卸重整的方式。

当部分芯料缺失时，采用补配的措施。

（4）油漆

当油漆仅存在面漆褪色、少量空鼓、翘皮、龟裂等，且底漆保持尚好，可采用罩面漆的措施。

3.3.6.2 重点修复工程

（1）门窗

历史建筑的门窗一般都经历过多次维修，门窗形制也因此发生改变。门窗的修缮应对其形制进行评估，当门窗的样式或做法能反映不同时期有价值的做法时，应进行保护，不能以统一样式或影响观瞻效果等为由进行拆除后重做。

门窗已改为现代门窗时，可根据日后使用功能和保存状况选择适宜的修缮措施：当已改的门窗保存状况较好，且满足日后功能使用，可暂且保存现状；当已改的门窗保存状况较差，但仍须维持其性能（如采光、气密、保温等）的，可选用样式、色彩与历史建筑相协调的现代工艺门窗（如仿木铝合金门窗）进行更换。此外，须恢复原状时，可对缺失、损毁或已改门窗进行恢复：一方面应根据价值评估保留历次维修有价值的部分；若存在多种有价值的样式时，应根据价值评估、门窗位置、做法特征以及保存状况、数量进行多方面衡量再选取门窗样式，一般宜采用"始建时的样式"或"同一建筑同一款式"或"数量最多款"以及"工艺、样式最美观"等多种方式。另一方面，若原状已无考证时，也可按当地同时期、同类型建筑的相同做法进行制作；此外，门窗恢复的位置应充分考虑原状的空间格局和交通组织。

门窗通常的残损状况为残缺，以及窗扇或框料糟朽、变形、蛀蚀、开裂等状况。当存在残缺时，可采用补配的措施。糟朽、变形、蛀蚀、开裂时，可采用更换的措施。

（2）抹灰

当抹灰大面积剥落、空鼓时，可采用铲除后重新抹灰的措施，并涂刷涂料。

（3）挂落、栏杆等

当挂落或栏杆出现糟朽、变形、蛀蚀等现象，可采用更换的措施。缺失芯料的可进行补配。

当挂落或栏杆全部缺失，可根据实际情况，保持现状暂不补配。若须补配的，应按原状进行补配。原状已无考证的，可按当地同时期、同类型建筑的相同做法进行制作安装。

（4）油漆

当油漆大面积存在褪色、空鼓、翘皮、龟裂以及底漆保存较差时，可采用重做油漆的措施。油漆做法应按原状做法。

3.3.7 地基基础

3.3.7.1 保养工程

保养工程一般不涉及地基基础。

3.3.7.2 重点修复工程

（1）传统木结构建筑柱础及台明

磉石、阶沿、锁口以及侧塘石等石作构件，因缺失、破损、碎裂但不影响房屋安全的，可暂保持现状；抑或根据修缮方式确定修缮措施：如鼓磴或磉石破损，其位置的大木构架具备打牮的条件，可将构架发起，更换鼓磴或磉石。此外，若受损的地面石构件确实影响到房屋安全，但其他部位保存尚好，因受经费、场地等条件限制无法进行修缮时，可采用钢筋砼将其周围嵌固，并用临时支撑将其上部荷载支顶，待日后有条件时再做处理。但此法应纳入抢险加固工程的范畴。台明构件缺失的，可采用添补的措施。组砌松弛的，可采用拆砌的措施。

（2）地基基础加固

① 若房屋未进行检测鉴定，当出现以下情况时，应对地基基础进行加固

A. 对于建造在一般地基土上的建筑物。

不均匀沉降大于现行国家标准《建筑地基基础设计规范 GB 5007—2011》规定的允许沉降差；或连续两个月地基沉降速度大于每月 2 毫米；或建筑物上部结构砌体部分出现宽度大于 5 毫米的沉降裂缝，预制构件之间的连接部位出现宽度大于 1 毫米的沉降裂缝，且沉降裂缝短期内无终止趋势。

不均匀沉降远大于现行国家标准《建筑地基基础设计规范 GB 5007—2011》规定的允许沉降差；或连续两个月地基沉降量大于 2 毫米，且尚有变快趋势；或建筑物上部结构的沉降裂缝发展显著；砌体的裂缝宽度大于 10 毫米；预制构件之间的连接部位的裂缝大于 3 毫米；现浇结构个别部位也已开始出现沉降裂缝。

B. 对于建造在斜坡场地上的建筑物。

当建筑场地地基在历史上发生过滑动，目前虽已停止滑动，但当触动诱发因素时，今后仍有可能再滑动。

建筑场地地基在历史上发生过滑动，目前又有滑动或滑动迹象时。

② 地基基础加固设计

地基基础加固设计可根据《建筑地基处理技术规范 JGJ 79—2012》《既有建筑地基基础加固技术规范 JGJ 123—2012》进行设计。可采用注浆加固、微型桩等地基处理方法以及加大基础底面积法等基础加固方法。其中上述加固方式可在不落架或揭顶不落架的情况下运用；微型桩应在揭顶不落架的前提下，将大木构架整体或局部抬升留出工作面后实施。

3.3.8 恢复格局

3.3.8.1 保养工程

保养工程不涉及恢复格局。

3.3.8.2 重点修复工程

因历次维修已将原平面格局改动，经现状勘察分析后，能确定出原有格局的，可根据日后使用功能采用恢复格局、保持现状或优化格局等措施。按恢复格局设计的，现状勘察应提供足够资料，论证应充分，并遵循原形制、原工艺、原材料、原做法的原则。保持现状的，应先明确现存的格局特征，再拟定保护措施。优化格局的，设计方案不得影响原有建筑风貌及结构安全，添加构件应具有可逆性，并尽量做到与原貌协调而有区别。

3.3.9 防潮、防腐、防虫工程

为防止木构件受潮腐朽或遭受虫蛀，应对易受潮腐朽或遭虫蛀的木结构用防腐防虫药剂进行处理。维修工程木构件必须做好防虫处理，应邀请有资质的专业单位对建筑做防蛀处理。

防腐：与墙面相贴木构件必须做防腐处理。防腐工作可采用喷淋和涂刷等方法处理。

防虫：修缮工程木构件必须作防虫处理，应邀请白蚁防治专业单位做防蛀处理。因历史建筑所处的地理位置及周围环境，极有利于白蚁生长繁衍，可采用直接喷杀与引诱灭杀相结合的办法，对蚁害进行综合治理。

3.4 西式混合结构建筑修缮措施

3.4.1 屋面

3.4.1.1 保养工程

保养工程原则上以不揭瓦为主。

坡屋面长草长树可采取除草除树的措施。瓦件破碎或掉落的，可采用更换和补配的措施。檐口少量糟朽的，可采用拆除糟朽部分按原状重做的方式修补。檐沟、落水管存在少量脱落、局部锈蚀或破损的，可采用除锈或者局部更换的方式；脱落的应将其归位，若沟钉损坏的应补配。檐沟、落水管淤塞的可采用清理的方式。

平顶屋面面层局部有破损或老化的（残损点面积较少且数量不多），可采用局部更换面层材料的方式；屋面因常年受风雨侵袭产生的灰土淤积以及檐沟、落水管排水不畅或淤塞时，可采用清理的方式。

3.4.1.2 重点修复工程

坡屋面渗漏较为严重，木屋架建筑其构件（檩条、屋架）以及木基层（望板、挂瓦条、顺水条等）损坏情况较为严重的，抑或屋架必须揭顶才能维修的，可采用揭顶重铺屋面的方式进行。

平顶屋面大面积渗漏的，屋面各构造层使用年限已过期并已失效，抑或各构造破损严重的，可采用全揭顶后重铺各构造层的措施。对天沟、泛水以及檐沟、落水管和相关配件，根据实际损坏情况，可采用更换、局部修补、补配等措施。

为提高屋面防水性能可增设防水层，防水层可选用卷材防水、涂膜防水或刚性防水层。须提高热工性能时，可增设保温层，并将其隐蔽。上人屋面可按日后使用需要，铺设面砖面层或砼找平层。此外，增设防水层、保温层及上人面层，应配置相应的找平层或保护层并进行找坡和排水设计，具体可参照《坡屋面建筑构造 09J202》或《平屋面建筑构造 12J201》等相关技术文件，并符合《屋面工程技术规范 GB 50345—2012》的规定。同时，因增设屋面基层导致屋面荷载增加时，应对主体结构及基础进行承载力复核。

3.4.2 主体结构

3.4.2.1 保养工程

保养工程一般不涉及主体结构。但若遇木构件因温差或湿度等引起的，而非承载力引起的干缩裂缝，其裂缝宽度在 3 毫米以内的可采用油漆腻子勾抹的方式修补。宽度在 3—30 毫米，可采用木条嵌补，耐水性胶黏剂粘牢。宽度大于 30 毫米时，除用木条及耐水性胶黏剂补严粘牢外，应在开裂处加铁箍 2—3 道。若开裂段较长，其箍距不宜大于 0.5 米。铁箍应具有可逆性，可采用螺栓拴紧的方式连接，待今后大修时再作处理。

3.4.2.2 重点修复工程

历史建筑主体结构加固设计，应对历史建筑尽可能地进行可靠性或安全性鉴定，结构鉴定应委托专业检测鉴定单位进行鉴定。加固设计应根据检测鉴定的报告结论，解决结构安全性问题，并满足使用要求。历史建筑抗震要求按相关规定执行或由专家进行论证。历史建筑结构鉴定及加固设计应符合本书相关条款规定。

历史建筑的结构加固应以满足安全性和耐久性要求为目标，在满足技术、经济可行性和建筑保护要求的前提下、在不降低现有抗震性能的情况下，宜提高其抗震性能。

历史建筑的结构加固应根据不同的保护类别选用适当的加固方法，优先采用传统的结构加固方法，不得破坏重点保护部位。

修缮加固设计时应进行结构承载能力及变形验算。修缮设计的范围宜适度，可按照整栋建筑或其中的整体结构确定，也可按指定的结构、构件或连接部位确定，并考虑结构的整体安全性。验算历史建筑混合结构的承载力时，其作用应根据建筑的现状使用功能确定，砌体强度参数和弹性模量应依据砌体的残损情况实测确定，当无实测条件时，按照《砌体结构设计规范 GB 5003—2011》的规定采用，并乘以折减系数 0.9，有特殊要求者另行确定。对砖石块材已明显风化、酥碱的构件，应乘以相应系数。长期荷载作用和砖石风化、影响调整系数参见《古建筑砖石结构维修与加固技术规范 GB/T 39056—2020》第 7.2.3 表 5。

历史建筑混合结构应按照《砌体结构设计规范 GB 5003—2011》的有关规定验算其承载力；当墙体存在较大变形时，计算的有效厚度应按其墙体的实际情况确定，并应考虑二阶效应对墙体的受力的影响。若原有构件已经部分缺损或酥碱，应按剩余的截面进行验算。

（1）主体结构加固

主体结构加固时原有残损如对主体结构安全性确有严重影响，应采取有效措施予以消除。对因断裂而丧失承载力的横向受力构件，当其文物价值较高而必须保留时，应采用可靠的措施予以加固，且应可识别。砖石结构中原有的连接应保留，若有残缺时应修补完整。

在进行整体加固时，宜在构造较为薄弱的部位，采用适当的方式予以加固。如墙体转角未咬槎砌筑处；墙体由于开窗、开门等原因受到较大削弱处；单片墙体长度过大，且中段无有效构造措施处；其他原因引起的墙体削弱处。

对于砖石结构墙体由于承载能力不足而产生的裂缝，应进行墙体承载力验算，根据具体情况采取加固措施。

当墙体内砖石构件有不同程度的风化、酥碱而须整修加固时，可采用下列方法处理：当仅有表层风化、酥碱，且经验算剩余截面尚能满足受力要求时，可将风化、酥碱部分剔除干净，依原尺寸修补整齐；当风化、酥碱位置处于墙脚部，损伤深度较大或经验算剩余截面不能满足受力要求时，可在支护后对墙体进行局部托换。

砖石券拱裂缝的加固处理，应重点分析其产生的原因并评估其对结构整体受力的影响，当裂缝宽度较大或对结构整体有较大影响时，应先对券拱进行支护后再进行加固处理。

（2）主体结构纠偏、顶升

当地基基础不均匀沉降导致建筑倾斜过大时，可采取整体纠倾的加固措施。纠偏加固设计前需要对历史建筑物倾斜原因进行分析，对纠偏方案进行必要性和可行性论证，并对上部结构安全进行安全性评估。当上部结构不能满足纠偏施工安全要求时，应对上部结构进行加固；当可能发生再度倾斜时，应确定地基基础加固必要性，并提出加固方案。

纠偏可根据历史建筑的地质条件、结构特点综合确定，采用迫降纠偏、顶升纠偏、综合纠偏（迫降和顶升同时使用）等方法。

实施纠偏、顶升前，应对主体结构进行预加固。预加固措施以可逆性好、对主体结构干预较小为宜。纠偏、顶升过程应设置现场监测系统，记录纠偏或压桩反力顶升变位、绘制时程曲线，当出现异常情况时，应及时调整施工方案。纠偏、顶升竣工后，应对古建筑进行一定时期的沉降观测。

顶升纠偏法可采用注浆抬升纠偏法或压桩反力顶升纠偏法。对于塔类砖石建筑，宜采用迫降纠偏法，如降水纠偏法、浸水（加压）纠偏法、堆载纠偏法、掏土纠偏法。

顶升应视地质条件及主体结构的不同选择适当的基础托换方法，基础托换应在严格的计算分析基础上进行，基础托换宜采用以下方法：箱梁顶进方法；主体结构较小时可采用型钢梁直接顶进方法；主体结构较大且压力比较集中时，也可采用人工成涵，逐步浇筑混凝土梁，并即时压桩支顶法。

古建筑整体顶升的支承装置依据地质条件及设计顶升高度等因素，可选用坑式钢管静压桩、坑式混凝土静压桩或混凝土灌注桩。当设计顶升高度较大时，应对单桩承载力及稳定性进行验算，应对古建筑的整体漂移（群桩稳定）采取必要的限定措施。

（3）主体结构分项修缮

① 屋架

木屋架加固可采用增设腹杆，增设上、下弦空间支撑的措施增加木屋架的整体性。对于松动节点可采用螺栓或扁铁加固节点。木屋架构件、檩条有变形、截面较小的，可采用更换或在旁侧增设构件的措施；若遇糟朽须修补，去除糟朽后经验算表明剩余截面尚能满足使用要求时，可采用镶补的方式进行修复。木屋架不宜落架大修，当屋架变形过大，且重要节点构件或构件（上、下弦交接处，前后上弦交接处以及上弦、下弦等）出现糟朽或劈裂等情况应进行落架或局部落架修理。

墙体屋架：若墙体开裂的，可采用灌浆修补；裂缝已严重影响墙体安全的，应拆除重砌；若墙体倾斜，经评估不影响墙体安全的，可暂保持现状；经评估影响墙体安全的，应拆除重砌。

柱、梁枋修缮参见本书"木构件修缮措施"。

② 楼盖

A. 木楼盖

◇ 楼面大梁：当承载力不满足要求时，可根据实际条件，于之下增设钢梁或木梁加固。此外，若大梁保存状况较差已无法正常使用时且梁上无图案、雕刻、题记等有价值的信息，也可进行更换。更换根据日后使用情况，也可更换为钢梁，但外表应与原状相同。

◇ 楼面龙骨：当承载力不满足要求时，可采用更换的措施。也可采用加密龙骨、增设钢檩或增设支点加固的措施。若遇严重变形、糟朽无法使用的应去除后，用新料替换。

◇ 木楼板：原木楼板承载力不满足要求时可采用更换的措施。也可在原板面叠加一层木楼板，新增木楼板与原木楼板可采用钉接，铺设方向应与原木板铺设方向相同。

B. 钢筋砼楼盖

钢筋混凝土构件应根据承载能力、构造、不适于承载的位移或变形、裂缝或其他损伤进行安全性判定。当出现以下情况时，应委托专业检测鉴定单位进行鉴定和设计单位进行加固设计。

a. 当主要受弯构件（梁）的挠度大于 $L_0/200$ 时，预制屋面梁或深的梁侧向弯曲矢高大于 $L_0/400$ 时。

b. 当柱顶位移或倾斜或结构平面内的侧向位移大于 $H/150$（$H_i/150$）时，H 为结构顶点高度，H_i 为第 i 层层间高度。

c. 当受力主筋处的弯曲裂缝、一般弯剪裂缝和受拉裂缝宽度大于 0.4 毫米时，和出现斜拉裂缝以及集中荷载靠近支座处出现斜压裂缝时。

当混凝土构件出现下列情况之一的非受力裂缝时，视为不适于承载的裂缝，应进行加固修补。

a. 因主筋锈蚀或腐蚀，导致混凝土产生沿主筋方向开裂、保护层脱落或掉角。

b. 因温度、收缩等作用出生裂缝，其宽度已达 0.7 毫米，且已显著影响结构受力。

c. 修补方法选择：裂缝修补方法，主要有表面封闭法、注射法、压力注浆法及填充密封法等，分别适用于不同情况，应根据裂缝成因、裂缝性状（如裂缝宽度、裂缝深度，裂缝是否稳定）钢筋是否锈蚀，以及修补目的不同合理选用。

混凝土加固设计可按照现行国家标准《混凝土结构加固设计规范 GB 50367—2013》的相关规定，根据具体病害选择合适的加固修复方法。

③ 墙体

A. 墙面保护修缮设计。

若墙面保存尚好，无影响结构安全的裂损，无严重风化等病害时可保持现状；针对少量砖块存在缺损或轻微风化的宜保持现状，不作处理。

一般墙面抹灰存在空鼓、剥落、风化、破损等病害时，根据残损程度或范围采用局部铲除重做的措施，但应做好新旧抹灰层的接搓处理。

对于有装饰效果的面层应以保护为主，不宜采用铲除重做的措施，应根据残损原因和残损程度采用表面嵌缝、灌胶加强、局部剔除等措施。

当砖墙面风化严重，经评估认为具有保留价值且不宜采取挖补换砖时，可采用渗透加固和表面封护的措施。

B. 墙体加固设计。

砌体构件应根据承载能力、构造、不适于承载的位移或变形、裂缝或其他损伤进行安全性判定。当出现以下情况时，应委托专业检测鉴定单位进行鉴定和设计单位进行加固设计。

a. 当墙顶、柱顶位移或倾斜或结构平面内的侧向位移大于 $H/330$（$H_i/330$）时，H 为结构顶点高度，H_i 为第 i 层层间高度。

b. 当承重墙体出现下列受力裂缝时，应视为不适于承载的裂缝。

◇ 屋架、主梁支座下的墙、柱的端部或中部，出现沿块体断裂或贯通的竖向裂缝或斜裂缝。

◇ 空旷房屋承重外墙的变截面处，出现水平裂缝或沿块材的断裂的斜向裂缝。

◇ 砌体过梁的跨中或支座出现裂缝；或虽未出现肉眼可见的裂缝，但发现其跨度范围内有集中荷载。

◇ 其他明显的受压、受弯或受剪裂缝。

当砌体结构、构件出现下列非受力裂缝时，也应视为不适于继续承载的裂缝。

◇ 纵横墙连接处出现通长的竖向裂缝。

◇ 承重墙体墙身裂缝严重，且最大裂缝宽度已大于 5 毫米。

◇ 独立砖柱已出现宽度大于 1.5 毫米的裂缝，或有断裂、错位迹象。

◇ 其他显著影响结构整体性的裂缝。

墙体加固设计可按照现行国家标准《砌体结构加固设计规范 GB 50702—2011》进行。

3.4.3 楼地面

3.4.3.1 保养工程

当楼地面存在零星破损、局部表面磨损、缺失，可采用更换、剔补的措施。

当铺装块材隙缝较大时，可采用嵌补的措施。

3.4.3.2 重点修复工程

楼地面局部缺失须修复时，应尽量利用原有材料。原材料已无法获取时，可采用新材料修补，但所用材料的色彩、质感及规格应与原状协调，无违和感。

楼地面铺装材料有保存价值的（如早期的拼花地砖、马赛克地砖或有时代特色的水磨石地坪等），应结合日后使用功能考虑相应的保护措施；其保护措施不得影响保护对象（如在上铺设地板保护，但不能为固定地板而在原地坪上打孔预埋）。

楼地面因加固需要须拆除铺装的，应在加固完成后按原状修复楼地面铺装。

楼地面因历次维修已作改动，但仍满足功能使用的，经过评估分析可保留现状。经评估无保留价值的，根据工程实际情况或日后使用功能，按原做法进行调整。无原做法参考时可按当地同时期、同类型建筑做法进行调整。

3.4.4 装饰

3.4.4.1 保养工程

（1）门窗

当门窗玻璃缺失时，采用补齐玻璃的措施。

当门窗木料因收缩出现裂缝时，根据裂缝宽度可采用油漆腻子勾抿或木条胶黏剂嵌补粘牢等措施。

门窗开启不便或整体松弛时，可采用拆卸整修的措施；钢窗可采用除锈及加润滑油的措施。

五金配件缺失时，可进行补配。损坏时，可进行更换。

（2）抹灰

当存在脱落、空鼓、开裂时，可在受损处，按原抹灰形式，重新抹灰及涂刷涂料。

（3）吊顶

原则上保持原状，仅对小范围损坏处，按原状进行修复。

（4）各类装饰构件（线脚、护墙板等）

原则上保持原状，仅对小范围损坏处，按原状进行修复。

3.4.4.2 重点修复工程

（1）门窗

历史建筑的门窗一般都经历过多次维修，门窗形制也因此发生改变。门窗的修缮应对其形制进行评估，当门窗的样式或做法能反映不同时期有价值的做法时，应进行保护，不能以统一样式或影响观瞻效果等为由进行拆除后重做。

门窗已改为现代门窗时，可根据日后使用功能和保存状况选择适宜的修缮措施：当已改的门窗保存状况较好，且满足日后功能使用时，可暂且保存现状；当已改的门窗保存状况较差，但门窗性能仍满足日后使用时，可选用样式、色彩与历史建筑相协调的现代工艺门窗（如仿木铝合金门窗）进行更换。此外，须恢复原状时，可对缺失、损毁或已改门窗进行恢复：一方面应根据价值评估保留历次维修有价值的部分。若存在多种有价值的样式时，应根据价值评估、门窗位置、做法特征以及保存状况、数量进行多方面衡量再选取门窗样式，一般宜采用始建时的样式，或同一建筑同一款式，或数量最多款，以及工艺、样式最美观等多种方式。另一方面，若原状已无考证，也可按当地同时期、同类型建筑的相同做法进行制作。此外，门窗恢复的位置应充分考虑原状的空间格局和交通组织。

门窗通常的残损状况为残缺，以及窗扇或框料糟朽、变形、蛀蚀、开裂等状况。当存在残缺时，可采用补配的措施。糟朽、变形、蛀蚀、开裂时，可采用更换的措施。

（2）抹灰、涂料

当抹灰大面积剥落、空鼓时，可采用铲除后重新抹灰的措施，并涂刷涂料。

（3）吊顶

当吊顶形制经评估分析认为有保留价值时，必须按原状进行修缮（如具有石膏线脚的，且造型优美的）。若吊顶为原做法（如板条抹灰做法），现状保存状况较差，且无特殊造型及各类线脚已缺失或局部已改的，经评估分析认为无保留价值的可拆除，修缮措施可结合日后使用功能，可采用现代材料进行修复。采用现代材料修复吊顶时，应选用荷载较小的材料；吊顶样式应依照原样式或根据日后功能另行设计，但应和整体风貌协调。

（4）各类装饰构件（线脚、护墙板等）

当各类装饰构件形制经评估分析认为有保留价值时，必须按原状进行修缮。

对于决定外立面风貌特色的装饰构件，不得随意改变。对已改动的装饰构件，若有恢复依据的，应进行恢复。若已无资料考证无法恢复原状的，经评估认为尚能与整体风貌协调的可保留，仅对损坏处修缮。若评估认为不能与整体风貌协调，应进行调整。

3.4.5 地基基础

历史建筑西式混合结构无显著的不均匀沉降、倾斜，或其使用功能无大的变更时，一般不宜对地基基础有大的扰动。

对于确要进行地基基础加固的，选择加固方法时，应综合考虑当地工程地质和水文地质资料、地基受力影响深度、材料来源和施工设备等条件，合理选用加固方法。常用地基加固方法：木桩法、石灰桩法、树根桩法、坑式静压桩法、锚杆静压桩法、注浆加固法、深层搅拌法、灰土挤密桩法、高压喷射注浆法；常用基础加固方法：加大基础底面积法、加深基础法、基础补强注浆加固法。适用范围参见《古建筑砖石结构维修与加固技术规范 GB/T 39056—2020》相关条款。

加固时应采取有效措施防止对历史建筑及邻近建筑产生不良影响。

地基基础加固设计应符合《建筑地基处理技术规范 JGJ 79—2012》和《既有建筑地基基础加固技术规范 JGJ 123—2012》的要求。对处在湿陷性黄土、膨胀土、冻土等特殊土地区的古建筑，应按相应的现行有关标准执行。

对于实施地基基础加固的古建筑，应在施工期间和施工完成后一定时期内进行沉降观测。

3.5 构筑物修缮措施

3.5.1 构筑物保养工程

当构筑物本体长有树草，应采用除草的措施。

当构筑物存在构件局部缺失、破损，仅影响正常使用时，可采取补配、修补等措施。如桥类构筑物缺失少量踏步、栏杆等影响功能使用，又如踏步破损，影响正常通行的，可采用补配、嵌补的措施。

3.5.2 构筑物重点修复工程

3.5.2.1 石作构筑物

当构筑物存在构件破损、缺失等现象，不影响使用功能和结构安全，仅妨碍观瞻效果时，原则上应保持现状不做处理。若须修复应阐明理由。当构筑物构件存在破损、缺失等现象已涉及结构安全时，可采用更换、黏结剂粘牢、补配、铁件加固等措施。

构筑物地基基础出现下沉时，应明确下沉是否仍在继续。若已停止且上部结构保存尚可，可保留现状。若下沉仍在发展，应进行加固。加固地基基础不宜采用全解体的方式，可根据实际情况采用压密注浆或挤密周边地基等修缮措施。

构筑物不宜采用解体的方式进行修缮。若因受损严重，其他修缮方式其修缮效果无法达到预期目标，应停止使用，可采用体外加固的方式将其固定，日后仅做展示功能。体外加固的形式应具有可逆性，并于之协调但又与之区别。

传统石拱桥，仅当拱券变形严重且已涉及桥体结构安全时，可采用解体的措施进行修复。修复施工时，应做好桥体支撑设计。

当砖、石构件存有风化现象时，在不影响使用前提下，可保持现状。风化严重时，对于一般构件可采用更换、镶补等措施。对于存有雕刻、形态特殊等具有保存价值的石构件，可选用现代技术进行保护。采用现代防风化技术进行修缮时，应根据石材类别和病害类型，选取相应的保护措施，并阐明选用该技术的必要性和可行性，且在修缮前做好实验。

3.5.2.2 解放后预制钢筋混凝土装配式桥梁

预制钢筋混凝土装配式桥梁的修缮，应先委托专业单位进行结构鉴定，同时进行现状勘察，根据鉴定结论和现状勘察情况编制专项方案。

加固设计方案应尽量减少对原有结构的损伤，充分利用原有结构构件，做到安全、可靠、耐久、达到设计目的。在新旧结构处理上，应充分考虑结构强度的折减。

加固方案应考虑对周边环境的影响，新旧部分外观应协调，以适应周边环境。

桥梁维修加固原则为"预防为主，防治结合"，其主要病害大致可分为承载力不足、使用性能较差、耐久性不足三大类。

加固设计应根据具体病害选择合适的加固修复方法，具体可按照《公路桥梁加固设计规范 JTG/T J22—2008》或其他相关规范的具体要求。

3.6 利用工程设计

历史建筑利用，应保证建筑格局、位置、高度、体量、朝向、形态、色彩及建筑外部的材料、装饰、门窗等基本信息与原样一致。

历史建筑功能改善或提升时，应详细评估其价值，对建筑中保护价值较高的大木构架、墙体、门窗、装饰构件等重点保护部位应进行严格保护。

历史建筑功能改善提升应考虑可逆性，新材料、新技术的介入，不应破坏传统做法，不得对建筑本体造成损伤。

改善提升措施不得对周边其他建筑的使用性能及结构安全性能等造成不良影响。现代化设施和设备及各类管线的建设安装不得破坏有保护价值的历史文化遗存和历史文化信息，不得影响建筑或街区的传统风貌。

3.6.1 适应性改造

3.6.1.1 装饰装修

历史建筑室内装修应尽量体现原有空间特色，室内装修应不破坏其结构体系、不影响其结构承载力和主要建筑艺术特色。选用的材料、色彩等应与原建筑风格相协调，样式宜简洁、素雅。

新增空间隔断构件可采用轻质、高强度、高性能的新型材料，新增隔断不得影响原建筑风貌，对建筑本体无损伤，并做到可逆。不得采用易燃材料，采用木构件和钢构件时应采取必要的防火、防腐措施。

商铺内木构架宜露明，设置吊顶时优先采用传统木搁栅、轩架等吊顶形式，对于影响传统风貌的平顶吊顶等形式，应进行整治。商业建筑店招宜采用传统风格、传统样式的檐下店招，采用木质牌匾或牌匾与楹联相结合的方式设置；牌匾应设于店铺屋檐以下、门楣以上正中位置；牌匾、楹联应采用黑色、栗壳色等与传统色调相符的颜色；店招字体优先采用手书中文字体；对于影响传统风貌的店招，应对其进行整治。传统风貌建筑不宜设置卷帘门，在保证可逆的情况下，可在传统门窗内侧增加防盗门窗，新增防盗门窗不得对原状外门及外窗形成遮挡或破坏。其余建筑安装卷帘门或防盗门窗时，宜安装于原门窗内侧，若明露安装，卷帘门、防盗门、窗应样式简洁、低调，色彩、材料应与周围墙面相协调，不得使用反光材料。

新增空间应与传统风貌相协调，现代风格的阳光房雨棚等不得出现在沿河沿街立面或外部视线可及范围处。

建筑竖向交通组织无法满足日后使用功能要求时，可采取限制功能的措施，或可增设楼梯。增设楼梯不得影响重点保护部位，条件允许时可设置在建筑非主要的外立面；新增楼梯结构体系应独立，不宜附着于历史建筑之上或利用其构件进行安装。新增楼梯做法应可逆，与历史建筑风貌应协调，并与之区别。

3.6.1.2 厨房卫生间

厨房、卫生间应以保证居民基本生活条件为标准进行改善。有条件的民居建筑应尽量每户拥有独立的卫生间和厨房，已对外营业的餐饮场所应严格按照国家规范要求设置厨房，油烟经净化处理后排放。

传统风貌建筑新增厨房、卫生间时应设在建筑物内部，严禁采取院内临时加建或利用院内原有违法建筑物改建的方式。

3.6.2 生活设施及性能提升

3.6.2.1 维护结构性能提升

（1）传统木结构建筑

传统风貌建筑外围护结构应采用原材料、原工艺。不得在现有墙体、门窗、屋面外侧增加保温做法。在不破坏原有结构体系、屋面、墙体、门窗，不影响结构承载力并且可逆的前提下，可采用如下做法。

① 屋面

屋面可适当增加保温防水构造措施，屋面铺设时应考虑屋面荷载及防滑坡措施。建筑吊顶上或屋面内侧增加保温做法。

② 墙体

墙体可增加内保温做法。

③ 门窗

内侧保温窗、木门窗改造更新可采用两种方式，一是于其上增设不同性能的玻璃，同时，玻璃与窗扇之间、窗宕与窗扇之间、窗宕与墙之间应采取良好的密封措施；二是采用双层窗，在原有木窗内另做新窗，外侧木窗仅作为立面装饰构件，内侧保温窗窗框颜色应与传统色调协调。

（2）西式混合结构建筑

砖构混合结构建筑在不改变主体结构和环境风貌的前提下，屋面、墙体、门窗宜采用保温节能做法。条件允许时，可按《江苏省居住建筑热环境和节能设计标准 DB 22/4066—2021》设计。建筑更新时，墙体、屋面、门窗应采用节能做法，外观应与传统风貌相协调。

现代保温隔热材料须保证不对民居建筑的室内环境造成不利影响，防止民居建筑本身的闷腐、火灾、变形。

① 屋面

木基层民居屋面保温防水性能较差，对原有屋面进行清理或翻新后，可增设防水层、保温层。混凝土屋面应增设防水层、保温层，保温层可采取内保温与外保温两种形式。屋面铺设保温层、防水层时应考虑屋面荷载及防滑坡措施。

② 墙体

建筑墙体保温可采用内保温或外保温做法，当采用外保温做法时，其外观应与周边风貌相协调，且不得破坏建筑原有的历史信息。有条件时可增加墙基防潮层。室内地坪与室外地坪相齐或室内地坪低于室外地坪的民居，应充分利用周边排水系统，采用入口处设置排水沟排入市政排水管网等做法。

③ 门窗

建筑门窗可采用新型节能门窗，增加保温隔热功能同时改善室内环境。窗框材料可采用铝木复合或断热铝合金，玻璃可采用双层中空玻璃。窗扇样式和玻璃色彩应与原建筑风貌相协调。

3.6.2.2　外露附属设备、设施、管道的风貌控制

燃气钢瓶应集中放置，并设有燃气泄漏报警装置，确保燃气使用安全。

空调外机应置于内院、天井等隐蔽部位。设置于街巷可视范围内时，空调外机和管线应做遮蔽处理，遮蔽处理不得影响空调效果，且遮蔽样式应简洁、轻盈，应采用与背景墙面相协调的材料，且与周边环境风貌相协调。

给排水管道、电器管线、电器表箱等应安装于隐蔽区域或做遮蔽处理，当管线明露时，应采用外观与背景墙面相协调的材质，或对其表面喷涂色彩与背景墙面相协调的油漆。

3.6.2.3　隔音措施

室内为增强隔音功能，可在木楼板上加轻质混凝土层或其他材料面层，但须考虑原结构对于荷载的承载能力，不得将木楼板直接改为混凝土楼板。

各房间的隔墙材料可加设隔音层，增设的隔音层外观应与原建筑风貌相协调。

3.6.2.4　消防设计

历史建筑应结合修缮工程逐步消除危险源，设置各类防火保护措施及消防设施均应以安全为前提，并具有可逆性，再利用时不应带来新的消防安全隐患。

历史建筑修缮工程应满足现行国家和当地工程建设消防技术标准和规定的要求，做到安全适用、技术先进、经济合理、因地制宜、保护和利用兼顾。

历史建筑应根据建筑本身的构件种类、燃烧性能和耐火极限确定建筑物的耐火等级，并结合建筑的保护级别、保护修缮类别和使用性质确定总平面布局、建筑平面布置、防火分区、防烟分区、构造要求、安全疏散、消防设施设计和消防扑救等内容。

建筑的耐火等级应按照修缮工程中构件燃烧性能和耐火极限进行准确定性,以木柱承重且不燃烧材料作为墙体的建筑物,其耐火等级应按四级确定。

总平面布局中的防火设计,应符合下列要求:历史建筑之间或与其他建筑之间的防火间距不能满足规范要求时,宜按照规范要求采取补救措施。充分利用修缮工程周边的道路作为消防车道,当消防车无法通行时,消防安全责任单位应配备手抬机动泵等适宜的器材装备。

修缮工程应按照场所使用性质合理布置平面,对于歌舞娱乐放映游乐场所、儿童活动场所、老年人活动场所等应严格按照规范要求进行平面布置;历史建筑内不应新增厨房等用火房间,原建筑内的厨房在修缮时应结合结构特征设置相应的防火分隔措施。

建筑防火分区应根据建筑定性和耐火等级确定,依据建筑使用功能合理划分防火分区,其面积应符合《建筑设计防火规范 GB 50016—2014》的相关规定。

应根据修缮工程的使用性质核算安全疏散宽度和疏散距离,当历史建筑的安全出口不符合现行规范要求时,如改造条件允许,应增设符合规范要求的安全出口,否则应限定使用性质和制定切实有效的人员限流措施。独立的历史建筑物或有条件时,应根据配置的消防车设置相应的消防车道,但不应破坏周边的环境风貌。

历史建筑应根据使用性质和规模确定建筑室内外消防用水量;市政水源不能满足消防要求时,应设置消防储水设施,其水量、管网布置、增设等要求应按现行国家标准《建筑设计防火规范 GB 50016—2014》的规定执行,其建筑形式应与建筑环境相协调。当历史建筑处于偏远地区,无法设置给水设施时,对有天然水源的地方,应修建消防取水码头。

历史建筑设置室内消火栓系统和自动灭火设施,应符合下列要求:作为对外经营场所的历史建筑应按照规范要求设置室内消火栓系统和自动灭火设施,建筑面积大于 300 平方米且小于 1000 平方米的商店、餐饮场所、公共娱乐场所等人员密集场所以及木结构的历史建筑应安装简易水喷淋装置。不作为对外经营场所的优秀历史建筑宜按照规范要求设置室内消火栓系统和自动灭火设施。

应根据历史建筑的使用性质和规模确定消防供电所属等级和设置火灾自动报警系统,并符合下列要求:养老院、福利院、幼儿园、托儿所、寄宿制学校等的寝室、宿舍,木结构的历史建筑应设独立式火灾探测报警器。管线(设备)安装过程中增加构造柱及框架时,应与建筑内主体结构保持安全距离,对接触的重点保护部位应采取有效的、可逆的防火保护措施。敷设线路、安装设备应美观、安全,不应损坏建筑本体及其结构。建筑内电气线路均应穿有防火保护的金属管或封闭式金属桥架保护,接头处应采用固定接线盒。线管接头两侧金属管、箱盒两侧的金属管、金属管与箱盒的跨接宜焊接;电缆金属外皮不应做中性线,应与保护线可靠连接。此外,火灾自动报警装置宜采用图像式感烟探测器。其具体安装要求,应符合现行国家标准《火灾自动报警系统设计规范 GB 50116—2013》的有关规定。

历史建筑的防排烟及其他设计,应符合下列要求:防排烟设计应参照国家现行标准和规范的相关规定执行;排烟管道不宜穿过重要保护房间;采暖、通风和空气调节系统应采取防火措施,室内严禁采用明火取暖;风道及其保温、隔热材料应采用不燃材料。

建筑室内装修设计中的防火设计,应符合下列要求:应采用不燃或难燃材料进行装修,装修材料应符合耐火等级标准要求;在满足保护要求前提下,对部分分隔构件进行调整,设置防火隔墙、防火吊顶、防火门、防火窗、防火卷帘、防火玻璃等防火分隔措施;应结合修缮,提高木结构构件、木质隔墙以及具有保护价值的木质疏散楼梯的耐火性能。

历史文化街区(历史地段)内的历史建筑防火技术,可参照《苏州历史文化街区(历史地段)保护更新防火技术导则(试行)》。

3.6.2.5 设备维护与更新

历史建筑进行设备维护与更新时，应符合下列要求：应在保护前提下，根据建筑的功能定位进行设计，与整体风格相协调。应结合室内修缮进行，在重点保护部位应注意隐蔽性，避免破坏。必须更换或新增设备时，应选择技术先进、效率高、环境兼容性好的设备及零配件。

给排水设计，应符合下列要求：建筑外立面不宜新增管道，如必须新增雨水管、空调滴水管道等，应合理布置，减少对建筑立面风格的影响。新增管道的设置应避免破坏重点保护部位，并易于维护。

电气设计，应符合下列要求：外立面不宜添加或附着强弱电电气设施。管线敷设宜选用明敷。建筑无防雷系统或原防雷系统不符合《建筑物防雷设计规范 GB 50057—2010》时，应根据规范重新设计。当对古建筑防雷有专项要求时，可按现行国家标准《古建筑防雷工程技术规范 GB 51017—2014》进行设计。

供暖、通风和空调设计应符合下列要求：根据保护要求以及修缮后建筑的使用功能和空间布局，选择合适的供暖、通风和空调系统。管道敷设应尽量避开重点保护部位。室内末端设备的布置应避开重点保护部位并进行设计，室内通风口面积不应低于设计要求。室外供暖、通风和空调设备安装应与优秀历史建筑整体风格相协调。

3.7 抢险加固工程

当突发灾害或因构件老化，造成历史建筑构件突然脱落或局部坍塌或漏雨等情况时，因时间、技术、经费等条件的限制，不能进行彻底修缮时，为防止险情继续发展及保证使用，可采用临时支撑、加固、遮挡等的措施。临时支撑及加固措施应具有可逆性。

3.8 迁移工程

历史建筑迁移必须严格控制，不得为观光旅游而实施迁移工程，迁移必须具有充分理由，经过专家论证，依法审批后方可实施。迁移必须保留全部原状资料，详细记录迁移的全过程。

迁移工程应遵守以下原则：特别重要的建设工程需要；由于自然环境改变或不可抗拒的自然灾害影响，难以在原址保护；单独的实物遗存已失去依托的历史环境，很难在原址保护；历史建筑本身具备可迁移特征。新址环境应尽量与原址环境的特征相似。迁移后必须排除原有的不安全因素，恢复有依据的原状；迁移应当保护各个时期的历史信息，尽量避免更换有价值的构件。迁移后的建筑中应当展示迁移前的资料；迁移必须是现存实物，不允许仅据文献传说，以修复名义增加仿古建筑。

迁移工程按迁移技术可采用拆解迁移和整体平移两种方式。拆解迁移适合迁移目的地较远，且建筑本身可拆解并组装相对容易的建筑，如传统木结构建筑。整体平移技术适合建筑本身不易进行拆解的建筑物，如钢筋砼结构建筑、砖混结构建筑等。采用整体平移技术还应满足新址距离较近，原址与新址间场地高差不大且无太多障碍物等要求。

迁移工程设计应论证迁移的必要性和可行性，设计方案应确定迁移新址位置和设计迁移路线、新址基础和采用何种迁移技术及应急预案等相关内容。整体平移工程设计应符合《建（构）筑物移位工程技术规程 JGJ/T 239—2011》的相关要求。

第四章 修缮施工

4.1 修缮施工总体要求

4.1.1 修缮施工技术要求

历史建筑修缮施工应保持、保留原有建筑风貌，并满足安全、适用、经济、环保的要求。

历史建筑施工前，施工单位应根据设计文件并结合现场情况编制施工组织设计，涉及重点部位拆卸、修缮时，应编制专项方案；涉及承重结构拆改、托换等具有安全隐患的施工时，应编制支撑方案和紧急预案。

历史建筑施工前，应对工程对象进行全面、详细的勘察，校核设计文件的符合度，并同时复核修缮措施的可靠性和可行性；若发现问题，应以书面形式及时与业主、设计、监理等相关单位沟通解决。历史建筑隐蔽部位打开后，应通知设计单位进行补充勘察，若存在问题与原设计文件不符或未涉及时，设计单位应及时进行变更，并经相关单位评审通过后，方可实施。

历史建筑的修缮技术，应延用原有修建技术体系的技艺或当地传统营造技艺，采用新技术、新材料、新工艺时，应先论证其使用的必要性和可行性，必要时应先做样板或试验。

历史建筑修缮前，应研究考察工程对象所使用的原材料的构成及配比、外观与工艺等技术要素，并按其要求进行备料。修缮施工中，应尽量使用原材料，并按其要求配置补充材料。

历史建筑重点保护部位修缮施工可按照文物保护单位修缮的要求进行。

工程所用材料或产品进场应验收，收集合格证明、试验报告等相关质保资料，并按相关规范和程序进行见证取样并送检。

4.1.2 修缮施工管理要求

施工现场项目部应做好进度、质量、安全、文明等的管理工作。施工前应做好修缮的技术准备（包括施工组织设计编制、图纸会审、技术质量安全交底、专项工程技术配置等）和材料准备，并按施工进度配置材料、劳动力、施工机具以及相关技术等的进场工作。涉及重要的专项施工方案，依据相关规范组织专家论证。

历史建筑须进行拆卸的构件，应先编号做好记录后再行拆卸；拆卸时应小心拆，不得损坏；拆卸后应及时进仓存放，存放场所不得造成构件的二次损坏。拆卸构件须堆放工程现场时，应合理安排并由专人管理，不得影响施工通道，同时必须做好防雨、防碰撞、防污染、透气和防火等措施。

历史建筑施工时，施工单位应落实施工组织设计相关要求及相关规范要求，实施施工作业，同时做好资料收集和编制工作。监理单位按保护要求和相关规范审查施工组织设计，并对修缮工艺和材料把关，施工巡视检查发现问题应及时要求施工方整改或请设计方到现场解决；确保施工资料文件真实、完整、准确，并与施工进度的同步收集。

4.1.3 修缮施工质量验收与竣工验收

历史建筑维修与加固验收应按照《古建筑修建工程施工与质量验收规范 JGJ 159—2008》《古建

筑修建工程质量检验评定标准（南方地区）CJJ 70—96》等的要求执行，并符合国家相关规定要求。

维修与加固工程验收时，施工单位应提供相应的验收文件进行分阶段质量验收，并填写隐蔽工程检查验收记录，工程项目完成后进行竣工验收。

施工质量应符合相关规范和相关专业验收标准的规定，以及设计文件的要求；质量验收应在施工单位自行检查评定合格的基础上进行；隐蔽工程应在隐蔽前由施工单位通知有关单位进行验收，并形成验收文件；涉及结构安全的检验项目，应按规定进行见证取样检测，其检测报告的有效性应经监理人员检查认可。

竣工验收资料包括全部设计文件及修改文件，设计变更及洽商文件，原材料、产品出厂检验合格证及现场抽样复验报告，施工过程质量控制记录，隐蔽工程验收记录，工程质量问题的处理方案和验收记录，其他必要的文件和记录。

4.2 修缮施工流程与要求

4.2.1 修缮施工流程

本书所述修缮施工流程为已承接施工任务，签订施工合同之后的各个阶段；修缮项目的发包，按项目具体情况及相关法律法规执行，本书不再赘述。

修缮施工流程：统筹安排，编制施工组织设计→落实施工准备，提出开工报告→施工作业，加强各项管理→竣工验收，交付使用。

4.2.2 施工流程各阶段要求

4.2.2.1 统筹安排，编制施工组织设计

签订施工合同后，施工单位应全面了解工程性质、规模、特点、工期等，并进行各种技术、经济、社会调查，收集有关资料，编制施工组织设计。

施工组织设计批准后，施工单位应先派遣人员进入施工现场，与建设（发包）单位密切配合，共同做好开工前准备工作，为开工创造条件。

4.2.2.2 落实施工准备，提出开工报告

根据施工组织设计，对各分项（单位）工程，抓紧落实各项施工准备工作，如组建项目管理班组，图纸会审，落实劳动力、材料、施工机具及现场临设，水电管线铺设等工作。具备开工条件后，提出开工报告，经审查批准后，正式开工。

4.2.2.3 施工作业，加强各项管理

按照施工组织设计要求进行施工，项目管理班组应协调好各工种之间的搭接，加强各部门的配合与协作，使施工顺利进行。同时，在施工过程中，应加强技术、质量、材料、安全、进度及施工现场等各方面管理工作，严格执行各项技术、质量检验制度，并做好各项经济核算工作。此外，如遇与计划偏差时，应及时分析问题所在，提出解决方案。

4.2.2.4 竣工验收，交付使用

在交工验收前，施工单位内部应先进行预验收，检查各分部分项工程的施工质量，整理各项交工验收的技术质量要求，编制竣工决算。然后由发包单位向相关主管单位提出竣工验收申请，经过验收合格后，交付使用。

4.2.3 施工组织设计编制要求

4.2.3.1 施工组织设计编制原则

贯彻相关政策、方针，严格执行施工基本程序；遵守合同规定的工程竣工和交付使用的期限。

优先选用历史建筑原有修建技术，选用现代技术应在多方案比较的基础上择优选择，并具有可逆性和可识别性且经济合理。

合理安排施工秩序，组织流水施工，以保证施工连续，有节奏地进行。恰当地安排冬季、雨季施工项目。

减少暂设工程和临时性设施，贯彻工厂预制和现场相结合方针，合理布置施工平面图，节约施工用地。

制定技术、组织、质量、安全、文明和节约等保证措施，杜绝质量和安全事故，降低工程成本，提高经济效益。

4.2.3.2 施工组织设计文件编制内容

施工组织设计文件编制应包括编制说明，工程概况，施工管理目标，管理组织及劳动力和机械配置，施工进度计划和施工总平面布置，质量、安全保证措施，施工技术方案等内容。

4.3 历史建筑常用材料

4.3.1 常用木材的品种、技术要求及应用

4.3.1.1 木材种类

木材的树种按树叶区分，可分为阔叶树和针叶树两大类。阔叶树木材材质坚硬、资源量较少，常用于结构的特殊部位，如负载较大的搭角梁，二至三间面阔的店铺骑门梁等构件。针叶树木材材质纤维顺直，树干扭曲少，资源量相对丰富，是较为适宜的木构架用材及一般要求的木装修用材。

按材质的软硬程度区分，可分为软木和硬木。软木的木纹顺直，变形小，耐久性能较好，适宜制作木构架；硬木的木纹交织，开裂程度小，适宜装修、室内陈设用材。

在常熟地区，历史建筑大木屋架制作使用较广泛的是杉木，因构造要求，部分大规格尺寸的构件，也常用落叶松、进口美松、柳桉等材料制作木构架。木装修材则较多地选择变形小、不易开裂的楠木、银杏木、黄柏、香樟、柚木甚至红木等木材。

4.3.1.2 用材标准

承重木结构用材可采用原木、方木、板材、规格材等。其用材标准（材质等级、强度等级、含水率等）应符合《木结构设计标准 GB 50005—2017》的规定。

4.3.1.3 常见木材缺陷

腐朽：由于木腐菌的侵入分解，木材受到破坏，木材色泽异常，结构及物理、力学性质发生变化，变得松软易碎。

木节：树木枝条生长中形成的特殊部分，分为活节和死节。活节是由树木的活枝条形成的木节，年轮与周围木材紧密连生，质地坚硬，构造正常。死节是由树木枯死枝条形成的木节，年轮与周围木材脱离或部分脱离。

扭纹：原木纤维走向与树干纵轴方向不一致，形成的呈螺旋状纹理。

虫蛀：昆虫或其他生物蛀蚀木材而留下的沟槽或孔洞。按照侵入木材的深度分为表层、浅层和深层。表层指径向深度不大于3毫米；浅层指径向深度大于3毫米且小于15毫米；深层指径向深

度不小于 15 毫米。

裂纹：木纤维沿纹理方向分离所形成的裂隙，分为径裂和轮裂。径裂是指沿半径方向的开裂，轮裂是指沿年轮方向的开裂。

髓心：靠近树干中心，颜色呈褐色或浅褐色，木质部包围的柔软薄壁细胞组织。

木材的收缩、膨胀变形：木材因内部含水率的增减，会带来体积上的变化，这种变化会因地区间空气湿度的不一致，形成构件的外形变化，例如，在潮湿的南方地区做成成品后运到干燥的北方地区，成品的外形及内在构造都因木构件平衡含水率的变化而出现翘曲、结合部位缝道扩大等症状。

4.3.2 常用砖的品种、技术要求及应用

4.3.2.1 常用砖的品种及应用

历史建筑常用青砖，种类较多，有城砖、望砖、方砖等。一些近现代建筑也使用红砖，主要有九五红砖、九五多孔砖等。

历史建筑中常用砖料、尺寸及其适用范围见表 4.3.2.1-1。

表 4.3.2.1-1 常用砖料分类表

名 称	参考尺寸	适用范围	名 称	参考尺寸	适用范围
八五青砖	210 毫米×105 毫米×43 毫米	砌墙、砖细	方砖	500 毫米×500 毫米×70 毫米	铺地、砖细
九五红砖	240 毫米×115 毫米×53 毫米	砌墙	方砖	400 毫米×400 毫米×70 毫米	铺地、砖细
大金砖	720 毫米×720 毫米×100 毫米	铺地	方砖	350 毫米×350 毫米×70 毫米	铺地、砖细
大金砖	660 毫米×660 毫米×80 毫米	铺地	方砖	300 毫米×300 毫米×70 毫米	铺地、砖细
小金砖	580 毫米×580 毫米×80 毫米	铺地	细望砖	210 毫米×120 毫米×20 毫米	铺椽上
万字脊花砖	—	砌屋脊	望砖	210 毫米×105 毫米×15 毫米	铺椽上、砖细挑线
压脊砖	—	砌屋脊	黄(皇)道砖	170 毫米×80 毫米×34 毫米	铺地、砖细
水泥砖	各种规格定制	砌墙	黄(皇)道砖	165 毫米×75 毫米×30 毫米	铺地、砖细

注：八五青砖、九五红砖及多孔砖目前已基本停用。水泥砖不建议在历史建筑上使用，可用于非原构修缮的部位，如内部重新隔断的墙体等。

4.3.2.2 砖的质量鉴定

砖的质量可根据以下方面和方法进行检查鉴定。

砖表面是否平整无变形、棱边直顺、无缺损，表面是否存在蜂窝、层裂、裂纹、石灰爆裂等现象。

规格尺寸是否符合要求，尺寸是否一致。

有无欠火砖甚至没烧熟的生砖。欠火砖的表面或心部呈暗红色或黑色，敲击时发出哑音。

颜色差异能否满足工程要求，有无串烟变黑的砖。

强度能否满足要求，除通过试验室出具的试验报告判定外。按照声音判定，有哑音的砖强度较低。

检查厂家出具的试验报告。砖料运到现场后，项目部应自行选样送试验室进行复试。复试结果如不符合国家相关标准，说明现场材料与样品质量不符。

4.3.3 常用灰浆的品种、技术要求及应用

4.3.3.1 灰浆材料成分组成

历史建筑中常用的灰浆材料成分组成、参考配比及适用范围见表 4.3.3.1-1。

表 4.3.3.1-1　历史建筑中常用灰浆表

名　称	成分及参考配比	适用范围	说明
生灰浆	用生石灰块加水，搅拌成浆状，经细筛过滤后浆汁	砖石砌体灌浆、内墙刷浆	用于刷浆时应掺皮胶、骨胶类物质
熟灰浆	用消石灰加水，搅拌成稠浆状	砌筑灌浆、铺地、内墙刷浆	用于刷浆应过筛，并掺皮胶、骨胶类物质
乌煤浆	用乌煤灰加胶水搅拌成膏状后加热熬制，使用时加水搅拌成浆状	正垂脊刷浆、围墙翘反下、踢脚刷色，瓦制品套浆	
青色麻刀灰浆	白灰：青灰：麻刀：江米：白矾＝100：10：8：1.4：0.5	绿色、蓝色、黑色琉璃瓦、青筒瓦，小青瓦盖瓦坐浆	现在常用配方：白灰：青灰：麻刀＝100：8：4
盐卤浆	盐卤：水：铁粉＝1：55：2，搅拌均匀	石构件安装中的铁件固定	铁粉细度：0.15—0.2厘米
老浆灰	用生石灰浆加青浆搅拌过滤而成，青灰浆：生石灰浆＝7：3 或 5：5 或 10：2.5	清水墙的砌筑	视需要颜色而定
蛎灰膏	蛎灰加水搅匀，或用白灰膏	砖墙砌筑、金砖铺地、室内抹灰	也可用白灰代替蛎灰
麻刀灰	蛎灰膏加水，掺入麻刀搅匀。蛎灰：麻刀＝100：16—18	屋面苫背、脊瓦铺筑、墙面抹灰	也可用白灰代替蛎灰
泥背灰	用白灰或蛎灰、黄土加麻刀（麻筋），白（蛎）灰：黄土：麻刀＝100：400：2	屋面苫背	南方也用蛎灰：麻筋＝100：5—10
护板灰	蛎灰：黄土＝1：4	屋面苫背	也可用白灰代替蛎灰
夹垄灰	泼浆灰：蛎灰膏：麻刀＝3：7：0.3 或 5：5：0.3	筒瓦夹垄	也可用白灰代替蛎灰
裹垄灰	蛎灰膏：麻刀＝100：3—5.3	清水砖面打点	也可用白灰代替蛎灰
桐油石灰	蛎灰：面粉：乌煤灰：桐油＝1：2：0.5—1：2—3，灰内可兑少量白矾水，蛎灰：面粉：桐油＝1：1：1	—	也可用白灰代替蛎灰
麻刀油灰	桐油石灰掺麻刀捣匀。灰：麻刀＝10：3—4	石作勾缝、砖件黏结	
纸筋灰	草纸用水闷成纸浆，放入蛎灰膏内搅匀。蛎灰膏：纸＝100：6—20	室内抹灰及堆塑面层	也可用白灰代替蛎灰
砖面灰	砖血粉：灰膏＝3：7 或 7：3（根据砖色定），可酌掺骨胶	—	
砂灰	蛎灰膏稀释加砂，砂：蛎灰＝1：3	墙面抹灰	常用白灰代替蛎灰
掺灰泥	蛎灰与黄土拌匀后加水，蛎灰：土＝3：7 或 4：6 或 5：5	屋面盖瓦、铺地面砖、砌砖墙	常用白灰代替蛎灰

4.3.3.2　灰浆的特点

为了使营造的历史建筑坚固耐用，便于施工，材料易于采购，经济实用，灰浆具有以下四个方面的特点。

（1）灰浆比较细腻，其流动性与和易性适宜历史建筑正规墙体的砌筑

在历史建筑中的墙体，一些重要部位都是使用清水墙。它们的砌筑灰缝都要求细小、均匀、一

般灰缝只有2—3毫米，远比现代灰缝（8—10毫米）要小得多。而现代水泥砂浆，由于其吸水性强、干燥快，其流动性及和易性就显得比较差。因此，在历史建筑墙体中，如果没有较细腻的灰浆作胶结材料，墙体的砌筑将很难达到规定的质量和外观要求。

（2）灰浆干缩性慢，失水率低；能有效加强墙体的强度

由于历史建筑灰浆水分蒸发慢，失水率低，灰浆内部、灰浆与砖块之间不会留下太多的空隙，故使其相互结合紧密，对整个墙体的强度有所加强。而水泥砂浆失水快，容易干燥，因而空隙多，如果养护不及时，还容易形成疏松层，影响建筑物强度。

（3）历史建筑灰浆内的石灰，由于它的后膨胀挤密作用，可使砌体的整体性更加坚固

历史建筑灰浆内的石灰浆，都是经过沉淀过滤后的细小颗粒，它们吸水后会发生膨胀，形成强大的内部挤压作用，这样，使本来比较小的灰缝更加密实，使整个砌体的整体性更加坚固。

（4）材料方便，价格便宜，节约投资

灰浆中所使用的原材料，大多是地方性材料，适宜就地取材，减少周转环节，材料价格便宜，因此，墙体的费用投资也相应减少。

4.3.3.3 常用瓦件、脊件的品种、技术要求及应用

（1）瓦件的品种

在常熟地区历史建筑中所用的基本瓦材有3种：小青瓦（蝴蝶瓦）、青筒瓦和机制平瓦。

（2）脊件

屋面脊线上常常装各种形式的饰件，此类饰件有窑厂定型烧制的，如琉璃脊件和部分素烧脊件，也有人工堆塑成型的。

（3）常熟地区历史建筑脊瓦件的分类

① 小青瓦

小青瓦广泛运用于民居类历史建筑中，其品种少，规格比较简单，有专门为之配套的檐口花边、滴水瓦件，规格尺寸也因地区分布、窑厂不同存有一定差异。详见表4.3.3.3-1。

表4.3.3.3-1 历史建筑常用的小青瓦规格尺寸表

名称	特大号	大号	中号	小号
小青瓦(大号)	24厘米×24厘米	22厘米×22厘米	20厘米×20厘米	18厘米×18厘米
花边瓦	24厘米×24厘米	22厘米×22厘米	20厘米×20厘米	18厘米×18厘米
滴水瓦	24厘米×22厘米	22厘米×19厘米	20厘米×18厘米	18厘米×16厘米
斜沟瓦	32厘米×32厘米	28厘米×28厘米	24厘米×24厘米	22厘米×22厘米
斜沟滴水瓦	—	—	24厘米×22厘米	22厘米×22厘米
黄瓜环(盖)			34厘米×18厘米	32厘米×16厘米
黄瓜环(底)			34厘米×18厘米	32厘米×16厘米
龙头脊	150厘米×14厘米×38厘米	120厘米×100厘米×32厘米	75×45厘米×32厘米	50厘米×5.35厘米×24厘米
坐佛	规格定制	—	75厘米×35厘米×50厘米	—
沿人(丁帽)	规格定制			

② 青筒瓦

青筒瓦是历史建筑中一种常用瓦件，采用"号"来分类，其规格尺寸详见表4.3.3.3-2。

表 4.3.3.3-2　历史建筑常用青筒瓦规格尺寸表

名　称	大号	1号	2号	3号	5号	5.3号
青筒瓦	30厘米×21厘米	32厘米×19厘米	30厘米×16厘米	28厘米×15.3厘米	22厘米×11厘米	25厘米×12厘米
青筒瓦勾头	30厘米×21厘米	32厘米×18厘米	30厘米×16厘米	28厘米×15.3厘米	22厘米×10.5厘米	25厘米×12厘米
板瓦	38厘米×30厘米	35厘米×30厘米	28厘米×27厘米	22厘米×19厘米	18厘米×16厘米	20厘米×17.5厘米
滴水瓦	38厘米×28厘米	35厘米×28厘米	28厘米×26厘米	22厘米×19厘米	18厘米×16厘米	20厘米×18厘米
半圆瓦亮花筒	15厘米×12厘米	—	—	—	—	—
黄爪环（盖）	—	—	32厘米×16厘米	31厘米×15.3厘米	—	—
黄瓜环（底）	—	—	31厘米×27厘米	30厘米×19厘米	—	—

③ 机制平瓦

机制平瓦较多使用于清末民初的西式建筑中，其较为常见的规格尺寸为5.30毫米×25.30毫米。

（4）常熟历史建筑瓦件的适用范围

历史建筑在具体选用瓦件时，一般都以建筑物的形式和体量确定，一般来说，有以下几种选择方法。

① 小青瓦屋面

大殿建筑（如庙宇建筑中的大雄宝殿）和大型砖塔一般选用特大号底瓦，中号盖瓦；走廊、轩、亭和普通民居可选用中号底瓦，小号盖瓦；而体型较大的厅堂类建筑，则可选用大号底瓦，中号或小号盖瓦。总之，为了避免瓦垄被落叶堵塞造成排水不畅、屋面漏水，一般情况下底瓦都应比盖瓦大1—2号。

② 青筒瓦屋面

大殿建筑选用1号筒瓦、特大号底瓦；塔顶和厅堂类建筑选用2号筒瓦、中号底瓦；其他亭及一般小型平房建筑选用3号筒瓦、中号底瓦。

③ 机制平瓦屋面

较多用于清末民初的西式建筑中。

4.3.4　常用石材的品种、技术要求与应用

4.3.4.1　常用石材的种类与特征

（1）按材质划分的石材种类

历史建筑常用石材品种有花岗石、石灰岩、大理石等。

① 花岗石

质地坚硬，不易腐蚀和风化，但纹理粗糙，不易雕刻。适用于基础、台基、阶条、踏步、护坡、地面、砌墙、柱子、过梁、牌坊等。

② 石灰岩

常称为青石，质地略比花岗石柔，质感细腻，可精雕细刻，不易风化。用于建筑的台基、阶条、踏步以及柱础等。

③ 大理石

组织细密、坚实，不耐风化，质地较软，但纹理美观，可磨光，颜色品种繁多，一般用于室内高级铺地和装饰等。

（2）按加工形状划分的石材种类

砌筑用石材可根据形状和打凿质地不同分为毛片石、毛料石、粗料石和细料石。

① 毛片石

毛片石是由人工采用撬凿和爆破法开采出来的不规则的石块。一般要求在一个方向有较平整的面或1—3个面，中部厚度不小于150毫米，每块毛片石重20—30千克。在砌筑工程中一般用于基础、挡土墙、护坡和堤坝。

② 毛料石

毛料石是将毛石稍加修整后的石块。宽度、厚度不宜小于200毫米，长度不宜大于厚度的5.3倍，叠砌面和接砌面表面凹入深度不大于25毫米。一般用于挡土墙，民居墙体砌筑也有使用。

③ 粗料石

粗料石亦称块石。形状比毛石整齐，具有近乎规则的6个面，是经过粗加工后的成品，其宽度、厚度均不宜小于200毫米，长度不宜大于厚度的5.3倍，叠砌面和接砌面表面的凹入深度不大于20毫米，亦称半成品。用于一般建筑的墙体，古塔、石桥基础等。

④ 细料石

细料是经过选择，再经人工打凿后的成品。其宽度、厚度不宜小于200毫米，长度不宜大于厚度的5.3倍，叠砌面和接砌面表面的凹入深度不大于10毫米，由于已经加工，形状方正，尺寸规格适宜，又称为方整石。因此，细料石可用于砌筑较高级的房屋台阶、勒脚、墙体、桥墩等。

4.3.4.2 石材的挑选

石材的挑选应尽量避免存有裂缝、炸纹、隐残、石瑕、水锈层理、石铁、纹理不顺和存有红白线色等缺陷。在挑选石材时，应先用小锤子仔细敲打，如发出声音比较清脆，则为好料，反之则差。石材的规格尺寸应以设计规格为准，再加上打荒荒料尺寸来选择，如系承重构件或大跨度用石构件，应挑选材质较好、耐用年限长的石材品种。

4.3.4.3 石材的表面加工

常见做法有砸花锤、垛斧、扁光、磨光、做糙等。

4.3.5 常用油漆的品种、技术要求与应用

4.3.5.1 常用油漆材料

（1）生桐油

又称生油，为天然植物油，油质透明，略带黄色，耐候性好，不易老化，干燥慢。生桐油结皮后易起皱，且光亮度差，很少作为面层涂料使用。

（2）熟桐油

又称光油、亮油或清油，由生桐油经高温聚合熬炼而成。熟桐油具有油膜光亮、坚硬、有弹性、有韧性、耐水、耐磨、干燥快、能长期保存的特点。熟桐油用途广泛，在古建中可作为罩面油、调腻子的胶结材料等。

（3）生漆

又名大漆、国漆、天然漆、土漆。生漆是从漆树上采下的树汁，经过滤去除杂质加工而成。生漆具有漆膜坚硬、富有光泽、独特的耐久性、防渗性、耐磨性、耐油性、耐化学腐蚀、耐热、耐水、耐潮、绝缘等特点。生漆在南方天气潮湿地区多有运用，是苏南古建中常用漆种。

（4）其他古建漆作常用材料

血料、砖灰、银珠、线麻、夏布、石灰等。

(5) 现代油漆常用材料

清漆、各色醇酸磁漆、各类调和漆、红丹防锈漆、乳胶漆等。

4.3.5.2 地仗材料的加工

(1) 地仗材料

地仗灰包括捉缝灰、通灰、粘麻灰、亚麻灰、中灰、细灰，配置材料由油满、血料、砖灰等共同调和而成，其配比（油满∶血料∶砖灰，为质量比）如下。

捉缝灰：100∶114.4∶157。

通　灰：100∶114.4∶157。

粘麻灰：100∶137.3∶0。

压麻灰：100∶183∶221。

中　灰：100∶288∶303。

细　灰：100（光油）∶700∶650。

(2) 地仗材料的预加工

① 打油满

油满是调制地仗灰的主要材料之一，对地仗的黏结力、耐久性、防水性、防潮性、坚固程度起重要作用，调制油满的过程称打油满，其主要材料和配比为灰油∶白面∶石灰水＝150∶26.7∶100（质量比）。

打油满的方法为先将白面和石灰水调和，成糊状后加入灰油，搅拌均匀后即成。

② 熬灰油

熬灰油的主要材料为生桐油，另有土籽粉和章丹作为催化剂，一般比例为生桐油∶土籽粉∶章丹＝100∶7∶4（质量比）；因季节不同比例有所调整，冬季比例为100∶8∶3，夏季比例为100∶6∶5。

熬灰油应先炒土籽粉和章丹，结合材料色彩变深程度判定是否炒熟。炒熟后加入生桐油继续熬炼，熬炼时温度一般控制在180℃左右，应勤于搅动，反复进行。待油表面呈黑褐色，可进行试油：将油珠滴入冷水，及时下沉，然后慢慢返上来，则油炼成；若油珠飘浮水面，则尚未成熟，须继续熬炼。

③ 熬光油

熬光油的主要材料为生桐油和苏子油，比例为1∶4。

熬光油：将生桐油加温至150℃—180℃时，将整齐干透的土籽，放入油勺内浸入油中颠翻浸炸，待土籽炸透，倒入油锅；当油温升至230℃—250℃时，基本开锅后将土籽捞出，随即改为慢火熬，并随时搅动。待油温升至260℃时，加入黄丹粉（密陀僧）及时撤火，并盖好存放即可。

④ 发血料

将凝聚成块的猪血，用稻草研搓，使其成稀血浆，待无血块或血丝时，过箩去杂质，再用石灰水点浆，随点随搅至适当稠度即可。

4.3.5.3 广漆配置

生漆加入坯油（生桐油不加任何催干剂经高温熬炼而成），经调和即成广漆。两者比例原则上为1∶1，实际操作时，应根据气候条件以及生漆质量以及结合以往经验进行配置。生漆干燥过快，会造成漆面粗糙，涂刷时手感紧迫拖坠，刷痕明显，影响光亮，此时可适量增加坯油。广漆干燥过慢，半天以上还未结膜，并造成流坠以及容易粘灰影响洁净度时，可适量增加生漆，或暂不施工。广漆不能在太阳直射处涂刷。广漆上色，可采用猪血，捞去血筋后细筛后即可；也可按现代做法将广漆和稀释剂加石性颜料，如氧化铁红、铁黄、铁黑，经细筛成色漆。罩光漆应加适量银朱。

4.4 传统木构建筑修缮施工

4.4.1 屋面

4.4.1.1 一般规定

屋面拆卸前应对屋面进行详细勘察，为日后屋面修缮做好资料准备。屋面勘察应绘制草图，拍好照片，做好详细记录，其内容如下：屋面瓦件规格、搭接关系、瓦楞数、各类屋脊的外观尺寸等。屋面拆卸时，应记录瓦屋面的基层做法（苫背、望砖、望板）和屋脊构造，并统计各类构件完好情况。对于一些规格较高的屋脊，勘察和拆除时应注意脊内铁件（如明桩、旺脊钉、旺链、万年环等）位置和做法以及是否存在窑货（烧制品），同时应对其进行编号，拆卸后应立即归仓存放，专人看管。

瓦件拆卸时不得采用大型工具进行敲、凿，以免瓦件破损。若为局部揭顶时，应对未拆卸瓦件、屋脊等做好保护措施（可在瓦垄内放置沙袋，便于操作人员踩踏）。双坡屋面拆卸时，应两坡同时进行，以免因荷载不均导致木构架变形。必要时应在室内搭设剪刀撑，防止木构架变形。同理，屋面重铺时也应两坡同时载荷。

屋面铺设应待之下大木构架、木基层、墙体等修缮完成后进行。常规情况下，蝴蝶瓦屋面施工次序由上至下，即先做屋脊再顺坡而下铺设屋面；筒瓦屋面则是先铺屋面，再筑屋脊。

屋面修缮时，原瓦件应尽量使用，添补的瓦件规格、品种应与原存部分相同，其外形整齐、无裂缝、无缺棱断角等残次缺陷。坐浆铺瓦，其砂浆品种应和原存部分相同（一般为1：3石灰砂浆抑或当地产泥灰，为保证其强度和黏稠度可酌情考虑加入少量水泥），底瓦坐浆充实，不得空鼓、爆灰、开裂。

局部修缮、抽换瓦件，新旧黏结层应在新旧瓦交接处的上部接槎，并用砂浆堵实抹顺，新旧瓦底瓦的接槎不得形成倒泛水，整体接槎应平整。添置的新瓦集中铺设，不可新旧瓦混铺。

修缮后的瓦屋面应整洁平整，瓦档均匀，瓦楞直顺，排水通畅。瓦屋面坡度曲线和顺一致，刷浆色与原瓦色泽一致。各类脊件，摆砌牢固、正直，弧形曲线和顺吻合一致。

4.4.1.2 屋面除草清垄

除草应连根清除；当树草较大时，禁止直接用力拔除，应用瓦刀小心将瓦件拆卸后清除，再将拆卸的瓦屋面重新铺好。除草可选用除草剂进行，但除草剂应对人畜无害，不污染环境，不损害周边绿化；无阻燃、起霜或腐蚀作用，不导致屋面变色或变质等。除草剂可采用喷雾法或喷粉法；大面积除草宜采用细喷雾法，雾滴直径应控制在250微米以下，宜为150—200微米，操作时应防止飘移超限。小范围局部除草，可采用粗喷雾法，雾滴直径宜控制在300—600微米，并使用带气包的喷雾器进行连续喷洒。除草应注意季节性，宜在4—5月或7—8月进行，在喷洒后10小时内不得淋雨。喷粉时间宜在清晨或傍晚。若条件允许，喷洒后可采取塑料薄膜覆盖。

4.4.1.3 抽换底瓦和更换盖瓦

底瓦因质量问题或受外力影响破碎时，可进行底瓦抽换。抽换底瓦时应先将上部底瓦和两边的盖瓦撬松，去除坏瓦，并将底瓦泥铲掉，然后铺灰，再用好瓦按原样铺好，被撬动的盖瓦要进行夹腮或夹拢。

4.4.1.4 屋面重铺

（1）小青瓦屋面铺设

屋面铺瓦时应先选瓦，原有盖瓦、底瓦以及花边滴水和望砖等应尽量使用，补添的材料应符合原材质和原规格。

屋面铺设时应先按瓦件尺寸对老瓦头，放瓦楞位置钉瓦口板；一般情况屋面中线应放盖瓦，硬山可先筑两侧边楞，歇山可先筑竖带处瓦楞。然后开始筑脊，筑脊时应按屋脊规格放置铁件。屋脊完成后开始整体铺瓦，铺瓦时应放三线，以作为铺瓦的控制线。一楞盖瓦铺好后，应用长直尺检查并调整瓦楞的直顺度，并安置花边滴水。滴水瓦的铺设高低和出檐以檐口线为准，一般控制在5厘米左右。屋面铺设完成后应扫豁沟、勾楞灰，对每楞瓦进行勾缝补隙，并喷洒药剂，防止草木生长。

（2）筒瓦屋面铺设

原有筒瓦、底瓦应尽量使用，补添的瓦应选用原材质、原规格。按原有瓦件规格放瓦楞数，并钉置瓦口板。一般情况下可先在屋面中线处盖一楞盖瓦，硬山边楞处或歇山竖带处盖两楞瓦，然后对老瓦，全面铺瓦。铺瓦时应挂三线，作为铺瓦的控制线。屋面瓦件铺好后开始筑脊，筑脊时应根据屋脊类型留置相应的铁件。

4.4.2　大木构架

4.4.2.1　一般规定

大木构架修缮必须遵循保持原形制、原材料、原工艺的原则。

大木构架修缮所用木材种类、材质应符合设计要求和《古建筑木结构维护与加固技术标准 GB/T 50165—2020》的相关要求。

大木构架修缮应采取必要的防腐、防蛀、防虫和防潮处理，所用铁件应做防锈处理。

4.4.2.2　木构件拆卸

大木构架拆卸前应先进行施工勘察，勘察大木构架的保存状况，并做好记录和照片资料，绘制拆除草图，并对拟拆卸的构件进行编号。

拆卸时应从上至下，逐一拆除地坪以上所有构件；禁止使用大型工具进行敲、凿，以免对构件产生破坏。拆卸过程中密切观察未拆卸处构件，如发生构件倾斜、断裂等不良现象，立即禁止拆卸，找出原因，对相应部位进行局部加固后方可继续拆卸；拆卸后，应将构件归类存放。

4.4.2.3　大木构架修缮

（1）大木构架整体维修与加固

大木构架整体维修与加固，应根据其残损程度确定修缮措施，一般有落架大修、打牮拨正、修正加固三种。

① 落架大修

落架大修工程，应先揭除瓦顶，再由上而下分层拆卸望砖（板）、椽、桁及梁枋、柱等。在拆卸过程中，应防止榫头受损，若构件上有彩绘或题记，应做好保护措施。落架木构架前，应先给所有拟拆卸的构件编号，并记录。拆卸下的构件，应进行检查是否需要更换或修补加固，具体要求参见《古建筑木结构维护与加固技术标准 GB/T 50165—2020》的相关章节。

② 打牮拨正

当建筑物出现构架歪闪的情况时，大木构件尚完好，不需要换件或只需要个别换件的情况下可采取打牮拨正的方法进行维修。打牮拨正即通过打牮杆支顶的方法，使木构架重新归正。打牮拨正前，应先揭除瓦顶，拆下望砖（板）和椽，并将桁端榫卯缝隙清理干净；如遇影响纠偏的铁件或木梢等构件时应先清除，并增设临时加固措施。对已经受损严重的构件，如桁、角梁、牌科等应先拆下。打牮拨正时，应根据实际情况分次调整，每次调整量不宜过大，当发现异常声响或出现其他未预估的情况时，应立即停工，待查明原因，清除障碍后，方可继续施工。

打牮拨正大致的工序如下：先将歪闪严重的建筑支保上戗杆，防止继续歪闪倾圮；揭去瓦面，铲掉泥背，拆去山墙、槛墙等支顶物，拆掉望板、椽子，露出大木构架；将木构架榫卯处的涨眼料（木楔）、卡口等去掉，有铁件的，将铁件松开；在柱子外皮，复上中线、升线（如旧线清晰可辨时，也可用旧线）；向构架歪闪的反方向支顶牮杆，同时吊直拨正使歪闪的构架归正；稳住戗杆并重新掩上卡口，堵塞涨眼，加上铁活，垫上柱根，然后掐砌槛墙、砌山墙、钉椽望、苫背宽瓦。全部工作完成后撤去戗杆。

③ 修整加固

修整加固，除对榫卯节点薄弱或构造不良情况时采用补强措施外，还可采用大木归安、拆安的方式进行：当大木构架部分构件拔榫、弯曲、腐朽、劈裂或折断比较严重，必须使榫卯归位或更换构件重新安装时，常采用归安和拆安的办法来解决。归安是将拔榫的构件重新归位，并进行铁件加固。归安可不拆下构件，只须归回原位，并重新塞好涨眼、卡口。拆安则是拆下构件进行整修更换。归安与拆安在一项大修工程中一般是交错进行的。

拆安是拆开原有构件，经整修添配以后再重新组装。大木拆安，第一步应将构件拆下来编号，对构件进行仔细检查，损坏轻微的进行整修，损坏严重的进行更换。大木整修后重新安装时，原则上必须按原位安装。在安装阶段，应按一般大木安装的程序进行，先内后外，先下后上，下架构件装齐后要认真检核尺寸、支顶戗杆、吊直拨正、然后再进行上架大木的安装。

木构架中，榫卯连接构造较为薄弱，在整体加固时，根据构造情况，可采用扁铁连接加固（如柱与额枋连接处、梁端连接处、川及双步与内柱连接处）。其他可采用半银锭榫连接加固。

（2）柱子墩接

当柱脚腐朽严重，但自柱底面向上不超过柱高的1/4时，可采用墩接柱脚的方法处理。墩接时，可根据腐朽的程度、部位和墩接材料，选用下列方法。

木料墩接，先将腐朽部分剔除，再根据剩余部分选择墩接的榫卯（巴掌榫或抄手榫）。施工时，新接柱脚应采用相同材质的木料，搭接的长度不应小于400毫米，墩接榫头应严密对缝，还应加设铁箍或用碳纤维布双向交叉粘贴的复合材箍。

石料墩接，可用于不露明的柱，也可用于柱脚腐朽部分高度小于200毫米的柱。露明柱可将石料加工为小于原柱径100毫米的矮柱，周围应采用厚木板包镶钉牢，并应在与原柱接缝处设铁箍一道。

不拆卸木构架的情况下墩接木柱时，应采用支架及支撑等将柱及与柱连接的梁材等承重构件支顶牢固。

（3）抽换柱子及辅柱

当木柱严重糟朽或高位腐朽，或发生折断，不得采用墩接方法进行修缮时，应采取抽换或加辅柱的方法来解决。在不拆除与柱有关的构件和构造部分的前提下，用千斤顶或华杆将梁枋支顶起来，将原有柱子撤下来，换上新柱。木柱抽换事先一定要采取稳妥措施，将与柱子相关的梁、枋等构件支顶牢固，构件支起高度要大于檐枋自身高。抽换构件，在条件允许的情况下方可进行。只有檐柱、老檐柱等与其他构件穿插较少，构造较简单的构件才能进行抽换。如遇不能抽换的柱子（如中柱、山柱）发生折断腐朽，而又不能落架大修时可采取加辅柱的方法进行加固，辅柱一般采取抱柱形式，断面方形，可在柱的两个面或三个面加安辅柱，用铁箍将柱子与辅柱箍牢，使之形成整体。

（4）木构件制作安装

木柱制作要求：木柱应选用无腐朽变质、大死节及虫蛀的优质杉木圆料，根据现场实际尺寸进行断料。开榫前应详细记录于柱搭接的轩梁、连机、夹樘板、木枋木榫长度及位置，开榫时要在三脚马内衬以软麻布或刨花，以防止经刨好的木柱受力击后出现凹痕，影响外观。在打眼前还要观察柱子两端，注意柱子的端头线必须垂直，以确保打通眼的垂直。穿眼要求两侧直平，特别在下榫受力面要直平面，不得凹入，否则构件受力后会沉陷下去。由于后檐柱柱头为多构件汇榫，在安装前应预先进行试装。柱头应按照传统做法设桁碗，以搁置圆桁。

桁条制作：选料时应选用材质结实的原料，不应采用速生料；应根据现场开间实际尺寸进行断料。桁条应有1/200—1/300的起拱，桁条加工时还应在中间加粗，以增强桁条之抗弯能力。加粗的幅度在桁条长度的0.5—0.8之间。两桁相连接处应做燕尾榫。燕尾榫与卯的选择应视安装顺序而定，即先安装的做卯，后安装的做榫。

梁制作：圆作梁其底面呈圆弧状，脊面则呈一角状，使与之相交接的矮柱稳定不易移位。扁作梁在两端拔亥，拔亥位置的底面为一平面。梁类构件必须有头线、基面线以及根据梁的形状所需的加工线条。根据构件原料的自然缺陷，即结合梁的受力方向，合理利用原料。弯曲较大的原构件应设在次要贴式中，木节较多的一面应设在构件受压区。梁类构件的底面有向上微拱的要求，当三根梁类构件与一柱在同一高度相交时，应按梁的受力情况区分其出榫位置，受力最大的应为下出榫，受力较次的为中出榫，受力最小的为上出榫。

牌科制作：选用抗裂性、抗压性较好，质地结实的材种、材质，例如常用的自然生长性杉木，其底端芯材也是制作牌科的首选材料。根据牌科平面布置图放1∶1足尺大样。大样的式样除应符合设计要求外，尚应符合牌科所反映的时代特征、传统做法、地方特征及法式等要求。牌科安装结束后，应进行检验，重点检验升之类的小构件是否有缺少或损坏，同一立面之昂类构件、拱类构件是否在一水平上和一直线上。

戗角制作：戗角制作前应放1∶1足尺大样，大样必须能满足实际安装中的各项条件，并应能按大样做出样板。老戗的头、梢之比为1∶0.8，嫩戗的根与老戗头之比为1∶0.8。老戗的差势通常为一飞椽。立脚飞椽的数量应为单数，其斜向角度与要摔网椽一致。嫩戗与老戗以砚瓦槽形式结合并用千斤销锁定两构件连接点，要求结合牢固。戗角用于单檐建筑，老戗梢搁置于步桁与落翼桁之节点背面，用铁件连接；当用于重檐建筑时，其下檐与步柱榫卯连接，上檐节点按单檐做法。

大木安装：大木安装应经校核，尺寸、水平正确无误的条件下进行。大木构架安装前应先进行会榫工作，然后按照先用先进场的原则，先将木构架运至安装现场，可边安装边运输。大木安装应先安装内四界的木构架，并以龙门撑、开间撑临时支撑校正、固定。安装时由内往外，由中间向两侧进行。在柱类构件已全部到位，且已校正的条件下方能安装牌科类构件，但通长的梁垫或与柱头会榫头形式连接的加强性构件应按会榫头时的顺序进行。大木构件搭接时，桁与柱垂直中心线应垂直，与柱顶桁碗紧密吻合；搭接后应采用直角尺丈量法或中心线对称法进行校准，且应以两个方向均垂直为止。搭接完成后按传统做法设置木销，可采用硬木销或竹销。在所有木构件都已就位后应对构架整体作一次审校工作，其中心内容是复核开间、进深，柱中与地盘中线是否对准。柱的垂直度、桁条的中线是否在一直线，基面线高度（即水平），榫卯结合情况。固定所有龙门撑及开间撑，严防木构架在墙体、屋面工程施工时变形。墙体、屋面施工结束后方可拆除龙门撑及开间撑。

（4）木构件修缮

① 木柱

A. 干缩裂缝处理。

a. 干缩裂缝深度不超过柱径或该方向截面尺寸1/3时，可按下列嵌补方法进行修整：当裂缝宽度小于3毫米时，可在柱的油饰或断白过程中，采用腻子勾抹严实。当裂缝宽度在3—30毫米时，可用木条嵌补，并采用改性环氧结构胶黏剂粘牢。当裂缝宽度大于30毫米时，除采用木条以改性环氧结构胶黏剂补严粘牢外，尚应在柱的开裂段内加铁箍或纤维复合材箍2—3道。当柱的开裂段较长时，宜适当增加箍的数量。

b. 干缩裂缝的深度超过柱径或该方向截面尺寸1/3时或因构架倾斜、扭转而造成柱身产生纵向裂缝时，应待构架整修复位后，采用木条及耐水性胶黏剂补严粘牢外加箍的方式进行处理，当此类裂缝处于柱的关键受力部位，则应根据具体情况采取加固措施，或更换新柱。

c. 对柱的受力裂纹或皱纹，以及尚在开展的斜裂缝，必须进行监测和强度验算，并应根据具体情况采取加固措施或更换新柱。

B. 剔补。

当柱心完好，仅有表层腐朽，且经验算剩余截面尚能满足受力要求时，可将腐朽部分剔除干净，经防腐处理后，用干燥木材依原样和原尺寸修补整齐，并应用耐水性胶黏剂粘接。当为周围剔补时，尚应加设铁箍2—3道。

C. 柱子中空灌浆加固。

当木柱内部腐朽、蛀空，但表层的完好厚度不小于50毫米时，可采用同种或材性相近的木材嵌补柱心并用结构胶黏接密实，当无法采用木材嵌补时，可采用高分子材料灌浆加固。其做法应符合下列规定。

a. 应在柱中应力小的部位开孔。当通长中空时，可先在柱脚凿方洞，洞宽不得大于120毫米，应每隔500毫米凿一洞眼，直至中空的顶端。

b. 在灌注前应将中空部位柱内的朽烂木渣、碎屑清除干净。

c. 当柱中空直径超过150毫米时，宜在中空部位采用同种木材填充柱心。

d. 灌注树脂应饱满，每次灌注量不宜超过3000克，两次间隔时间不宜少于30分钟。

e. 环氧树脂灌浆料浆液性能要求应满足《古建筑木结构维护与加固技术标准GB/T 50165—2020》中表7.4.6-1及表7.4.6-2的规定。

D. 更换。

当木柱严重腐朽、虫蛀或开裂，且不能采用修补、加固方法处理时，可更换新柱，更换应符合下列规定。

应确定原柱高，当木柱已残损时，应对其结构、时代特征和同类木柱尺寸进行考证和综合分析，应推定柱高、柱径和形状。木材树种和材质的选择，应符合《古建筑木结构维护与加固技术标准GB/T 50165—2020》第7.2节的规定。

E. 胶黏剂要求

粘接木构件的胶黏剂，宜采用改性环氧结构胶，并应符合下列规定：改性环氧结构胶的性能，除应符合现行国家标准《工程结构加固材料安全性鉴定技术规范GB 50728—2011》的规定外，尚应符合现行国家标准《木结构试验方法标准GB/T 50329—2012》对木材胶黏能力的规定。木构件黏接后，当需用锯割或凿刨加工时，夏季应经过48小时，冬季应经过7天养护后，方可进行。木构件黏接时的木材含水率不得大于15%。当在承重构件或连接中采用胶黏补强时，不得利用胶缝直接承受拉力。

F. 当用胶黏的无碱玻璃纤维布箍作为木构件裂缝加固的辅助措施时，应符合下列规定：在构件上凿槽，缠绕玻璃纤维布箍，槽深应与箍厚相同。黏合用的胶黏剂应采用改性环氧结构胶，其性能应符合《古建筑木结构维护与加固技术标准GB/T 50165—2020》7.4.7的规定。无碱玻璃纤维布应采用脱蜡、无捻、方格布，厚度应为0.15—0.30毫米。缠绕的工艺及操作技术，应符合国家现行有关标准的规定。

② 梁枋

A. 糟朽处理。

当梁材构件的糟朽可采用粘贴木块修补时，应先将腐朽部分剔除干净，经防腐处理后，用干燥木材按所需形状及尺寸制成粘补块件，以改性环氧结构胶粘贴严实，再用铁箍或螺栓紧固。如需更换时，宜选用与原构件相同树种的干燥木材制作新构件，并应预先进行防腐处理。

B. 梁枋干缩裂缝处理。

当构件的水平裂缝深度（当有对面裂缝时，用两者之和）小于梁宽或梁直径的1/3时，可采取嵌补的方法进行修整，应先用木条和耐水性胶黏剂，将缝隙嵌补黏接严实，再用两道以上铁箍或玻璃钢箍、碳纤维箍箍紧。

当构件的裂缝深度（当有对面裂缝时，用两者之和）超过梁宽或梁直径的1/3时，应进行承载能力验算。当验算结果能满足受力要求时，可采用木条及耐水性胶黏剂补严粘牢外加箍方法修整；当不满足受力要求时，应按下条的方法进行处理。

C. 挠度过大或断裂处理。

当梁枋构件的挠度超过规定的限值或发现有断裂迹象时，可在梁下面支顶立柱；当条件允许时，可在梁枋内埋设碳纤维板、型钢或采用其他补强方法处理；此外，还可考虑更换构件。

D. 脱榫处理。

榫头完整，仅因柱倾斜而脱榫时，可先将柱拨正，再用铁件拉接。

当梁枋完整，仅因榫头糟朽、断裂而脱榫时，应先将破损部分剔除干净，并在梁枋端部开卯口，经防腐处理后，用新制的硬木榫头嵌入卯口内。嵌接时，榫头与原构件用改性环氧结构胶粘牢并用铁件固紧。榫头的截面尺寸及其与原构件嵌接的长度，应按计算确定。并应在嵌接长度内加箍固紧。

E. 承椽枋的侧向变形和椽尾翘起处理。

椽尾搭在承椽枋上时，可在承椽枋上加一根压椽枋，压椽材与承椽枋之间用螺栓固紧。

椽尾嵌入承椽枋外侧的椽窝时，可在椽底面附加一根枋木，枋木与承椽枋用螺栓连接，椽尾用方头钉固定于枋上。

F. 角梁（老戗和嫩戗）梁头下垂和腐朽，或梁尾翘起和劈裂处理。

老戗头糟朽部分其长度未伸入嫩戗根部位置时，可根据糟朽情况进行修补或另配新梁头，并应做成高低榫头或雌雄榫头对接。接合面应采用环氧结构胶黏接牢固。对斜面搭接，还应加两个及以上螺栓或铁箍加固。

当梁尾劈裂时，可采用结构胶黏接并加铁箍紧固。梁尾与桁条搭接处可采用铁件、螺栓连接。嫩老戗及扁担木、菱角木宜采用螺栓固紧或用扁铁箍紧。

③ 牌科

牌科修缮不宜采用落架的方式，但若牌科须进行落架时，应对能整攒卸下的牌科，在原位捆绑牢固，整攒轻卸，标出部位，堆放整齐。

牌科损坏类型大致有以下情况：由于桁檩额枋弯曲下垂，造成牌科亦随之下垂变形，牌科（特别是转角牌科）构件被压弯或压断；坐斗劈裂变形；升斗残缺或升斗残缺丢失，昂嘴等伸出构件断裂丢失；正心枋、拽枋等弯曲变形；垫拱板、盖斗板等残破丢失。

牌科构件残破和丢失，大多可采取添配修补的方法进行维修，整攒牌科损坏严重时可以进行整攒添配。新做牌科时必须保证与原有构件尺寸做法一致。

因历次修缮时添配构件使建筑物牌科形制不一致时，应根据价值评估结果，保留有保存意义的构件，并按该形制、材质、做法对残损进行修缮。牌科修缮时，应对细部做法进行研究，如拱瓣、拱眼、昂嘴、耍头、翘头等细部的做法，都具有时代或地方特征，不允许不经研究分析，一概按统一的方式（如全按宋式或清式）进行维修。

修缮牌科时，应将小斗与拱间的暗销补齐。暗销的榫卯应严实。对牌科的残损构件，可采用结构胶黏剂黏接而不影响受力者，均不得更换。

④ 木楼梯

木楼梯于休息平台拉脱处理：拉脱处采用木料绑接的方式进行加固。

踏步板磨损处理：更换，或拆卸后翻转使用。

梯梁变形或糟朽：更换，或去除糟朽部分并镶补后，于梯梁内侧增设一根梯梁，与之共同受力，抑或于弯矩最大处加设支柱，柱顶设柱帽或垫木。

楼梯重新制作时，表面应平整，无锤印、刨印，棱角直顺。各类构件榫卯应严密坚实，坡度正确；安装时接缝严密，割角整齐平正，栏杆转角自然，整体牢固不晃动。

4.4.3 木基层

4.4.3.1 一般规定

木基层是指椽类、勒望、面沿、里口木、望板、摔网板、卷戗板等屋面基层构件。

各类椽在制作时应顺直，表面平整，无明显刨印，疵病；立脚飞椽、摔网椽弯势和顺，棱角分明，曲线对称，造型正确。安装时椽档均匀，钉置牢固，出檐椽和飞椽吻合，屋面坡度顺畅。摔网椽、立脚飞椽、里口木等，安装牢固，凹势和顺，沿口齐直，搭接紧密。

板类制作时，拼缝应密实，表面平整，无明显刨印。安装时应牢固，拼缝应严密。

4.4.3.2 木基层修缮

椽、望板常见损坏方式为糟朽，其中出檐部分（包括翼角）最易受损，一般采用更换的方式进行。

更换出檐椽、翼角糟朽椽子或望板（又称揭瓦檐头）时，要拆除廊界架的瓦面，揭去望板，拆掉飞椽和糟朽的出檐椽，更换新料。翼角、翘飞部分应根据情况决定拆换数量，如老戗下垂或腐朽严重，也可一起更换。换上的嫩老戗其冲出长度和翘起高度要与旧件一致。添配的翘飞椽也应与原件一致。在更换椽子时，勒望、面沿、瓦口等构件应根据其残损状况进行更换。如果经勘查发现屋面有大范围的望板糟朽严重，而且出檐部分椽、望板均已糟朽，应进行全揭顶检查并更换。

4.4.3.3 木基层制作

木椽应按样板制作，样板分侧面椽样和头板（迎面样板）两种。尤其是弯椽等异形椽更应该根据大样图出样板后，按样板制作。

荷包椽两椽的搭接方式应采用斜劈，圆形桁条搭接位置为中心线以下一侧，矩形桁条为中对中。筒椽的搭接方式为马蹄头。飞椽之梢尾长度为 3 倍飞椽头，其悬挑长度不大于 1/2 出檐椽头长。

荷包椽、筒椽的收分率为椽长度之 0.8%—1%，椽子应小头朝上（屋脊方向），由下而上地一界压一界，两椽节点要左右对称，大小头差分摊两侧，避免交错。

其他木基层（望板、里口木、封檐板、面沿、勒望、瓦口板等）应按原形制、原材质、原工艺、原做法进行制作。

4.4.4 墙体

4.4.4.1 一般规定

历史建筑墙体修缮应按原样维修，墙体修缮工艺应尽量选取原技艺体系的传统修缮方式。因特殊情况，传统修缮方式无法实施时，可酌情考虑现代修缮技术。

墙体上有雕刻、特殊构件的不宜采用拆卸后重砌的方式，应根据具体情况采用整体加固或体外加固等方式进行修缮。修缮时应对雕刻构件、特殊构件进行保护。

清理和拆卸砖墙时，应将砖块及墙内逐层揭起，分类码放。重砌砖墙时，应最大限度地使用原砖，并应保持原墙体的构造、尺寸和砌筑工艺。

墙体修缮时，当发现墙壁上有壁画或题记等信息时，应及时上报相关主管部门，经鉴定再做处理。

4.4.4.2 墙体修缮

可根据残损程度选择剔凿挖补、择砌、局部拆砌和拆除重砌以及局部整修等方式进行维修。

剔凿挖补：当酥碱深度在 2 厘米左右，可采用切片镶补的方式进行修补。此外，当墙面砖块酥碱深度较浅，且面积较小及数量较少时，也可保持现状不作处理。

择砌：择砌时必须边拆边砌，不得一次性将损坏墙体全部拆完再砌，一次择砌长度不应超过 60 厘米。必要时可先于择砌部位上方掏空放置过梁（建议放置型钢，不得放置板类构件），再行拆砌。若只择砌外（里）皮时，长度不要超过 1 米。

局部拆砌：局部拆砌适合墙体上部损害，即经拆除后，上部无墙体存在的。若损坏部分在下部，不得采用此法，只能选择择砌。

拆除重砌：将墙体拆至基础面，然后按原形制、原砌法、原材料、原规格进行重砌，添补的材料应使用原材料。

局部整修：垛头、博风等上部砌体损坏的，可进行拆解后按原状、原砌法重砌，原有材料拆卸时应尽量保护好，重砌时应尽量使用。

4.4.4.3 墙体砌法

（1）扁砌砖墙

一般采用十两墙砖砌筑，照壁墙也有的用两斤砖或五斤砖砌筑，城墙用大砖或城砖砌筑。为一皮丁头扁砌、一皮长头扁砌交替进行，在砌筑时灰缝要饱满均匀，厚度一般控制在 8—10 毫米。

（2）实滚砖墙

所用砖料和扁砌砖墙相同，砌筑方法有两种：一种为五皮长头扁砌、一皮丁头侧（竖）砌交替进行；另一种为每层均采用五皮长头相叠扁砌与五块丁头相叠侧（竖）砌交替进行，每两层之间的扁砌和丁头侧（竖）砌错缝布置。实滚砖墙砖间有空隙，每砌一皮都必须以砂浆充填密实。

（3）花滚砖墙

所用砖料和扁砌砖墙相同，砌筑方法为每层先砌两皮长头错缝扁砌，在其上为一块长头侧（竖）砌和四块丁头相叠侧（竖）砌交替进行，中间形成封闭空腔。每砌一层，必须在空腔内满填碎砖和灰浆的混合物。

（4）空斗砖墙

可采用十两、二斤、行五斤、五斤、行单城、单城、八五等各类墙砖砌筑，砌筑方法有两类：一类是以一皮长头扁砌、其上以长头侧（竖）砌和丁头侧（竖）砌交替组合成各种空腔的砌筑方法；另一类为没有长头扁砌、全部采用长头侧（竖）砌和丁头侧（竖）砌交替组合成各种空腔的砌筑方法。每砌一层，须填一层碎砖和灰浆的混合物，使墙身结实稳固。

4.4.5 楼地面

4.4.5.1 一般规定

修缮施工时，应对原有楼地面进行防护，且不得在楼地面堆载各种拆卸构件。

楼地面铺装有缺失、破损且已妨碍使用时，应进行修缮。修缮时应尽量利用原有材料，添补选用的块材或面层及黏结材料的规格、品种应与原楼地面一致。原状地面已改，允许使用替代材料，所用材料的质感和色泽、质量应符合设计要求，其总体效果应与历史建筑风貌协调。

修补的楼地面做法，其图案、拼接方式等应与原状一样，基层应坚实，有预制构件时，其安装应牢固不得松动。与原铺装接槎应和顺，无明显接槎痕迹，色泽一致。

4.4.5.2 楼地面修缮方法及相关工艺

（1）楼地面修缮方法

地面修缮方法有剔凿挖补、局部揭墁、全部揭墁、攒生养护。

楼面修缮方法有局部修补，全面重铺。

（2）方砖地面挖补及重铺

方砖挖补：铺砖前应对方砖进行挑选，去除有缺角、裂纹等残损的砖。铺砖前应先小心起出破损、开裂的铺地方砖，禁止大力敲、击、砸，以免对周边保存完好的方砖造成破坏。起出后对原基层进行整平，然后铺砖。铺设时将方砖平稳地铺设在干原砂垫层上，并拉线兜方和检查是否平整，如有高低或倾斜，应将砖翻起后补砂或去砂，直至调整平整及兜方。然后取下砖块用油灰刀将桐油石灰勾在砖侧面，在原位放平并在砖面铺木板，用木槌轻击木板面，使方砖平实，槌击时要用力均匀，保持缝隙看度，避免砖块移位。挤出砖面的桐油石灰要随时铲除清理。铺设后还要对砖面灰进行补眼。待砖面灰硬化后，对砖面进行打磨找平。最后待地面干透后，可在砖面上涂抹桐油。

方砖重铺：铺砖前应对方砖进行挑选，去除有缺角、裂纹等残损的砖。铺筑前应对基底整平夯实，并留出垫层和面层厚度，同时还应对地面设置标高控制点，铺设标高应与磉石相平。铺筑方砖时，在开间和进深方向先以干砂铺底试排，以确定砖数量、模数、缝隙等。铺设方砖要按常熟地区传统即以中轴线为方砖中线（中轴线不能为两块砖的拼缝），自门口按开间方向从外到内铺设。铺设时将方砖平稳地铺设在干砂上，并拉线兜方和检查是否平整，如有高低或倾斜，应将砖翻起后补砂或去砂，直至调整平整及兜方。然后取下砖块用油灰刀将桐油石灰勾在砖侧面，在原位放平并在砖面铺木板，用木槌轻击木板面，使方砖平实，槌击时要用力均匀，保持缝隙看度，避免砖块移位。挤出砖面的桐油石灰要随时铲除清理。铺设后还要对砖面灰进行补眼。待砖面灰硬化后，对砖面进行打磨找平。最后还应在砖面上两道桐油。原磉石、鼓磴保存完好，按原样保留。

（3）木地板修缮

木楼（地）面板修缮时，其拼接方式应按原做法，原做法不存时应参考当地传统做法（一般有平头缝、高低缝以及企口缝）。添补的木楼（地）面板应按原材质，其色泽、质感应与原状相接近。相邻两板段的接头不宜在同一根搁栅上，单板长度应至少跨三根搁栅。楼板接头应设在搁栅上，木地板拼接应紧密牢固，板缝间隙小于0.3毫米，接缝高差小于0.3毫米。

4.4.6 装折

4.4.6.1 一般规定

各类木装折制作所采用的树种、材质应与原构件相同，其含水率和防腐、防虫蛀等措施必须符合设计要求和有关规范的规定。

装折木构件制作时，应合理计划用材，避免大材小用，长材短用，优材劣用。制作完成时，应进行质量检验，并做好施工记录。同时应做好防潮、防暴晒、防污染、防碰伤等措施。

装折修补可采取剔补、添配、重新组装及雕饰修补等。装折构件修配应与原有构件的做法、尺寸及图案等一致，以保持原有风格。如用替代材料，其性能、色泽、效果应与原材料一致。

各类抹灰修补的墙面应联结紧密牢固，不得空鼓、脱皮、开裂、爆灰。经修补后，表面平整，接槎自然，线条齐顺吻合。

油漆修补，其新旧灰、麻、布等基层及新旧接槎处，应黏接牢固，无脱皮、空鼓翘边等现象。接槎处观感自然，颜色深浅均匀，无流坠、疙瘩、溅沫、分色线条平齐。

4.4.6.2 门窗

(1) 门窗修缮

当门窗玻璃缺失时,采用补齐玻璃的措施。

当门窗木料因收缩出现裂缝时,细小的裂缝可采用油漆腻子进行勾抿,裂缝较宽时可采用硬木条镶嵌,并用胶黏剂粘牢。

当门窗整体松弛榫卯松脱时,修缮时可局部或全部拆卸,然后归安方正,接缝要加楔灌胶粘牢。必要时可在窗扇背面加钉铁三角或铁丁字(铁三角或铁丁字可嵌入边梃与表面齐平,并用螺钉拧牢)。边梃和抹头局部劈裂糟朽补钉牢固,严重者应更换。

门窗开启不便时,采用拆卸重整的措施:拆卸门窗,检查铰链或摇杆情况和窗扇梃料有无变形、膨胀或开裂等影响开关的不良现象。修缮时,若遇铰链锈蚀可加油或更换;摇杆损坏时,可进行修补或更换;对于梃料轻微膨胀或变形产生隙缝时,可在不拆卸的状况下,采用木工刨刨去妨碍开启的部分,抑或在此基础上镶拼木条并归方。若遇变形、膨胀或开裂严重时,可进行更换。

五金配件缺失时,可进行补配。损坏时,可进行更换。

(2) 门窗制作安装

门窗制作选料应符合设计要求或与原构件选用相同材质。门窗扇、框榫槽应嵌合严密,胶料应用胶楔加紧。门窗(框)的榫应采用出榫做法,其宽不应小于其厚度的1/4,不得大于1/3;短窗、长窗、隔扇(框)断面厚度大于50毫米的应采用双夹榫做法;饰件芯子采用搭接开刻的做法,其开刻深度应为1/2厚度;短窗采用裙板,其里裙板应开槽镶嵌,外裙板应采用高低缝形式拼接;门扇的板拼接应用竹梢,并且托档穿带,厚板采用高低榫、棱角钉拼接。板厚超过50毫米时,除用高低榫外,还应用穿带梢拼接,所用穿带梢做法其间距不应超过其板厚的20倍。此外,榫卯处胶结应牢固,接槎平整,均不得用铁钉类材料代替榫卯结合。

门窗扇(包括门槛、门框或抱柱等)安装,其裁口正确,线条顺直,刨面平整,开关灵活、无倒翘,基本无刨印、戗槎、疵病。五金配件安装位置正确,槽深基本一致,规格符合要求,木螺丝基本拧紧平整,插销开启灵活。

4.4.6.3 抹灰修补

抹灰修补时,应先铲除空鼓、剥落处粉刷层,并将其外围处理成规则形态,然后用清水清理基底,保证无残留杂质。之后采用6厚1:3石灰膏砂浆修补原底层不平或破损处,修补的抹灰面应表面平整,赶压坚实,与原抹灰层接槎平顺。待其干透后按2厚纸筋灰粉面,外罩白色石灰水数次。纸筋灰抹灰表面应光滑、洁净、颜色均匀、无抹纹。施工时应小心翻拆架子,防止损坏已抹好的粉刷层,抹灰在凝结前应防止快干、撞击、震动,以保证其灰层有足够的强度。

4.4.6.4 油漆做法

(1) 广漆明光做法

做漆前,应先铲除原有旧漆,并清理干净。然后对木构件做打磨、开缝和填缝等基底工作(打磨:可采用磨刀石或水砂纸打磨至表面光滑。开缝:将有裂纹木料剔大,做成内小外大的微小开口。填缝:用牛角抄刮面漆,对木材表面进行填缝,填缝材料可用广漆面漆或猪血面漆,缝宽超过1厘米时,用木条和明胶填实黏结,木条多余部分将其刨平,再用面漆填缝);木料基底工作完成后,即可刮面漆,可反复三次左右,每道完成后均须进行打磨。之后便做糙漆打底(主要作用为上色),糙漆材料可用猪血豆腐涂在面漆上,然后打磨,但不能磨破面漆,糙漆不宜超过两层,以防止与之后的罩光漆产生差异。最后即可进行罩光漆,可采用清广漆,罩四遍,前三道每罩一道,须进行打磨。

（2）广漆退光做法

做漆前，应先铲除原有旧漆，并清理干净。首先对木柱进行开缝，之后拓头铺漆（即上头铺漆，用生漆和粗灰混合填缝）。接着刮粗灰（同上步），干燥后用磨刀打磨，但不能磨穿。然后用批灰漆加水满刷一遍，趁湿摔麻丝（麻丝须从上至下螺旋状将木柱包裹，包裹时上下压边，且磨平压实）；之后再用批灰漆加水满刷一遍，干燥后，再刮粗灰一遍；然后刮中灰，打磨，干燥后刮细灰；细灰结束后，再用批灰漆在细灰上满刷并粘丝质绵筋纸，然后满刷批灰漆再刮细灰，待干燥后立即上底漆。完成后用细灰和批灰漆混合稀释后，满刮一遍。然后刮广漆面漆二至三遍，最后再上糙漆一遍，罩光漆三遍，并用水砂去光。

（3）整体罩面漆的做法

施工中应对原油漆面层进行清理或打磨，保留原油漆基底。清理时如发现基底存在空鼓、龟裂等不良现象，应一并清理（尽可能减小铲除范围并清理成规则形状），并按原基底做法进行修复。再按面层做法罩面漆数道，并及时补平不平处。

（4）构架红色熟桐油

做油饰前，应先铲除原有旧漆，并清理干净。然后对木构件做打磨、开缝和填缝等基底工作（打磨：可采用磨刀石或水砂纸打磨至表面光滑。开缝：将有裂纹木料剔大，做成内小外大的微小开口。填缝：用牛角抄刮面漆，对木材表面进行填缝，填缝材料可用广漆面漆或猪血面漆，缝宽超过1厘米时，用木条或竹片和明胶填实黏结，木条多余部分将其刨平，再用面漆填缝）；木料基底工作完成后，即可刮腻子，可反复刮实，每道完成后均须进行打磨。之后便可进行刷油，总共分三道：头道油、二道油（上光油）、三道油（罩清油及熟桐油）。头道油是底油，用银朱油饰垫光，要刷均匀、齐全，用量适当，防止流坠，刷完后打磨垫光；头道油刷完后如有裂纹、砂眼可用油腻子找齐、找平，然后上光油，做法同前；二道油做完后，在上三道油前应用干布把木构件掸干净，然后用油栓沾上清油一遍成活，不能间断，栓垄要均匀一致。完成以后熟桐油表面应不流坠、色泽交接齐整，无接头、无栓垄，保持一致。

4.4.6.5 其他装折

各类修补构件的制作安装，应按原存构件的相同的方法进行，各类构件修理的榫卯应严密，经修补后，表面应平整，无缺棱掉角翘曲等缺陷。各类线条、割角、拼缝的起线应清晰顺直、通畅、割角准备平整，拼缝严密。构件花饰的外观修补部分应与原构作线条通顺，图案吻合。各类构件安装开关灵活，脱卸方便，五金齐全，安装牢固。

4.4.7 地基基础

4.4.7.1 传统木结构石作修缮

石料加工常见做法为打道、砸花锤、剁斧、磨光、做细及做糙。其基本程序是确定荒料；打荒；打大底；小面弹线，大面装线抄平；砍口、齐边；刺点或打道；打扎线；打小面；截头；砸花锤；剁斧；刷细道或磨光。

石料加工前应对石料仔细观察和敲击鉴定，不得使用有裂纹和隐残的石料。石料的纹理走向应符合构件的受力需要。用于重要建筑的主要部位时，石料外观应无明显缺陷。石料加工后，规格尺寸必须符合要求，表面应洁净完整，无缺棱掉角。表面剁斧的石料，斧印应直顺、均匀，深浅一致，无錾点、錾影及上遍斧印，刮边宽度一致。表面磨光的石料，应平滑光亮，无麻面，无砂沟，不露斧印、錾点、錾影。表面打道的石料，道应直顺、均匀，深度相同，无明显乱道、断道等不美观现象，刮边宽度一致。道的密度：糙道做法的每10厘米不少于10道，细道做法的每10厘米不少于25道。表面砸花锤的石料，应不露錾印，无漏砸之处。

石作修缮方法：主要技术有打点勾缝、石活归安、添配、石表面清洁（水洗、机械清理、化学清理、物理清理）、修补（剔凿挖补、补抹）、黏接、加固（表面加固、结构加固）等方式。

台明拆砌时，应按原状进行组砌，原有材料应尽量使用，添补的材料应与原材质相同。侧塘、锁口其组砌形式应内外搭砌，拉结石和侧塘石应交错设置。台明灰缝应黏结牢固，厚度均匀，勾缝密实，表面洁净无残浆。锁口石、阶沿石表面平整，棱角顺直，宽厚基本一致。

4.4.7.2 地基基础加固

地基基础加固施工时，应根据加固方法评估对历史建筑及周边建筑或环境的影响。

地基基础加固施工时，应根据土方开挖情况核实基础形式、埋深及持力层与设计、地质勘探报告等相关资料的符合度，若发现与设计文件不符时，应及时通报设计单位及相关单位，以便做出调整。若遇加固措施无法顺利实施或可能带来不利影响等情况时，应会同设计单位再次确认加固方法或调整为其他措施。

采用注浆加固地基时，应对历史建筑本体及周边建筑进行变形监测，防止因压力变化发生意外。采用扩大基础底面积加固方法时，应保证新旧基础连接牢固，接槎平整。

地基基础加固施工质量验收应符合《建筑地基基础工程施工质量验收标准 GB 50202—2018》的相关要求。

4.4.8 防虫防腐

维修工程木构件必须做好防虫处理，应邀请有资质的专业单位对建筑做防蛀处理。

4.4.8.1 防腐

与墙面相贴木构件必须做防腐处理，防腐工作可采用喷淋和涂刷等方法处理。

（1）喷淋法

用喷淋法可处理梁、枋、川等构件。喷淋处理的木构件含水率要求在25%以下，喷淋处理至少要做三次，第二次喷淋要在前一次喷完，待木材表面稍干后进行。

（2）涂刷法

用涂刷法可处理柱等构件，涂刷法应做三遍以上，涂刷应均涂刷在木材表面，待第一遍涂刷完毕后，待木材表面稍干后再涂刷第二遍。

4.4.8.2 防虫

木构件防虫处理，应聘请白蚁防治专业单位做防蛀处理。防虫处理，可采用直接喷杀与引诱灭杀相结合的办法，对蚁害进行综合治理。

（1）直接喷杀

先用3%CD-1068的柴油溶液对建筑里外及四周进行普通喷洒，在白蚁经常出入的木构件与墙体等极易滋生白蚁的部分重点喷药，并结合土木修缮工作在部分盖瓦下施重药，直接喷杀白蚁。

（2）打孔灌注

针对建筑结构，在木质构件衔接的榫头处灌注5%CD-1068的柴油溶液，对四周的立柱、门、窗框采用打孔注射的方法，以此来切断白蚁的通道。

（3）引诱灭杀

利用白蚁嗅觉灵敏及嗜食性的特点，在单体建筑周围挖4个40厘米×40厘米×50厘米的诱杀坑，坑里放上白蚁喜食的松木块，再放上2包用书写纸包好的5克含10%灭蚁灵饵料来诱杀白蚁。

4.4.8.3 药剂选用要求

采用药剂应既能防腐又能防虫，或对害虫有驱避作用，且药效高而持久；对人畜无害，不污染环境；对木材无助燃、起霜或腐蚀作用；无色或浅色，并对油漆无影响。药剂可采用二硼合剂、氟酚合剂、铜铬砷合剂、有机氯合剂、菊酯合剂、氯化苦等。（技术要求及使用条件参见《古建筑木结构维修与加固技术规范 GB 50165—2020》第五章第一节 5.1.3 条。

4.4.8.4　防虫、防腐要求

（1）柱

柱脚表层腐朽处理，可剔除朽木后，用高含量水溶性浆膏敷于柱脚周边，并围以绷带密封，使药剂向内渗透扩散；柱头及卯口处的处理，可将浓缩的药液用注射法注入柱头和卯口部位，让其自然渗透扩散。

（2）梁、枋、川

应在重新油漆之前，采用全面喷涂方法进行处理。梁枋的榫头和埋入墙内的构件端部，可采用刺孔压注法进行局部处理。

（3）木基层

栏杆、裙板等的上表面，应用喷涂法处理；对角梁、荷包椽等构件，可采用压注法处理。

（4）门窗

采用针注法重点处理榫头部位，其余部位可用喷涂法处理。

（5）小木作

可采用菊酯或加有防腐香料的微量药剂及针注或喷涂的方法进行处理。

4.5　西式混合结构建筑修缮施工

4.5.1　屋面修缮施工

4.5.1.1　一般规定

屋面拆卸前应对屋面进行详细勘察，为日后屋面修缮做好资料准备。坡屋面应勘察瓦件规格、斜沟、泛水以及屋脊做法及基层做法，同时应做好残损量的统计。平顶屋面应勘察各基层的做法，以及泛水、排水沟等的做法，并做好残损量统计。

拆除屋面后期搭建时，按设计文件核实拆除范围，并检查拆除部分是否与保留部分有关联。若有关联，应汇报设计方制定合理拆卸方案后实施。此外，拆卸时应对保留部分做好防护措施。

屋面拆卸前须对屋面进行施工勘测，并做好详细记录及照片资料，绘制拆除草图及编号；瓦屋面及平顶屋面拆卸时不得使用大型工具进行敲、凿，以免瓦件破损或影响平顶屋面。若为局部揭顶时，应对未拆卸瓦件、屋脊等做好保护措施，同时对拆卸屋面进行配重，防止构架受力不均。

4.5.1.2　屋面除草

除草应连根清除；当树草较大时，禁止直接用力拔除，应用瓦刀小心将瓦件拆卸后清除，再将拆卸的瓦屋面重新铺好。除草可选用除草剂进行除草，但除草剂应对人畜无害，不污染环境，不损害周边绿化；无阻燃、起霜或腐蚀作用，不导致屋面变色或变质等。采用除草剂可采用喷雾法或喷粉法；大面积除草宜采用细喷雾法，雾滴直径应控制在 250 微米以下，宜为 150—200 微米，操作时应防止飘移超限。小范围局部除草，可采用粗喷雾法，雾滴直径宜控制在 300—600 微米，并使用带气包的喷雾器进行连续喷洒。除草应注意季节性，宜在 4—5 月或 7—8 月进行，在喷洒后 10 小时内不得淋雨。喷粉时间宜在清晨或傍晚。若条件允许，喷洒后可采取塑料薄膜覆盖。

4.5.1.3　屋面修缮

洋瓦屋面：木椽、望板施工完毕后，可先铺一层防水卷材，防水卷材应按顺流水方向铺设，搭接宽度应满足要求；上做顺水条、挂瓦条，顺水条、挂瓦条应铺钉牢固、平整、顺直；瓦件应完

整、无残缺，色泽一致；上瓦时应两坡同时对称铺设，严禁单坡上瓦，以防屋架受力不均导致变形；突出屋面的构件均应做好泛水处理；铺设后瓦面应平整、行列整齐、搭接紧密，檐口平直，排水顺畅。

钢筋砼平顶屋面：平顶屋面施工应先收集防水、保温材料合格证等质保资料。施工时应先进行基层清理和弹找坡线并对屋面各细部（如管道与屋面接触处，卷材泛起处凹槽等）进行处理，然后按设计要求铺设各防水层、找平层以及保温层及面层铺装。屋面天沟、檐沟、水落口、泛水以及管道伸出屋面的各种构造做法应符合设计要求。卷材防水层施工时搭接缝应黏（焊）接牢固，密封严密，不得有皱褶，翘边和鼓泡等缺陷，收头应与基层黏结并固定牢固，封口封严，不得翘边。涂膜防水施工时不得有积水现象，不得漏刷且涂刷均匀不漏底。天沟、檐沟、泛水、水落口及屋面分格缝等部位应加铺有胎体增强材料的附加层。涂膜防水层须涂刷两遍的，第二遍施工时应与第一遍涂刷方向垂直，以提高防水层的整体性和均匀性。涂膜防水层与基层应黏结牢固，表面平整，涂刷均匀，无流淌、皱褶、鼓泡、露胎体和翘边等缺陷。屋面保温层施工时，应按设计要求找出坡度和流水方向以及确定厚度标高。分层铺设时上下板块应错开，隙缝应采用同类材料嵌实，板面相邻的板边厚度应一致。保温层铺设完成后，应及时进行下道工序。雨季施工应做好防雨措施。保温层铺设应紧贴（靠）基层，铺平垫稳，拼缝严密，找坡正确。保温材料的堆积密度或表观密度，导热系数以及板材的强度、吸水率应符合设计要求。屋面平顶施工时，各找平层应待具有强度后方可实施下道工序，各基层完工后应做好成品保护。

4.5.2 主体结构

4.5.2.1 一般规定

历史建筑结构加固工程检验批的质量检验，应按现行国家标准《建筑工程施工质量验收统一标准 GB 50300—2013》的抽样原则执行。分项工程、子分部工程和分部工程的质量验收，应按现行国家标准《建筑结构加固工程施工质量验收规范 GB 50550—2010》的相关规定执行。

主体工程所用的加固材料、产品进场应验收，收集合格证明、试验报告等相关质保资料，并按相关规范和程序进行见证取样并送检。认真做好维修记录及竣工图，真实反映维修过程，全套技术资料应存档备查。严格遵守施工程序和检查验收制度。

对于通过维修补强可以继续使用的构件应保留，对必须更换的构件，应在隐蔽处注明更换日期。维修中替换下的原构件应编号登记后交业主单位。

若发现隐蔽结构的构造有严重缺陷，或所处的环境条件存在有害因素时，应采取措施消除隐患。

修缮施工完成后，宜对修缮加固的项目进行检查评估以验证加固效果，必要时宜进行相应的长期监测。

砖石结构建筑主体加固时，还应符合《古建筑砖石结构维修与加固技术规范 GB/T 39056—2020》的相关规定。

4.5.2.2 屋架

木屋架加固可采用增设腹杆，增设上、下弦空间支撑的措施增加木屋架的整体性。对于松动节点可采用螺栓或扁铁加固节点。木屋架构件、檩条有变形、截面较小的，可采用更换或在旁侧增设构件的措施；若遇糟朽须修补时，去除糟朽后经验算表明剩余截面尚能满足使用要求时可采用镶补的方式进行修复。木屋架不宜落架大修，当屋架变形过大，且重要节点构件或构件（上、下弦交接处，前后上弦交接处，以及上弦、下弦等）出现糟朽或劈裂等情况应进行落架或局部落架修理。

墙体屋架：若墙体开裂的，可采用灌浆修补，裂缝已严重影响墙体安全的，应拆除重砌；若墙体倾斜，经评估不影响墙体安全的，可暂保持现状；经评估影响墙体安全的，应拆除重砌。

4.5.2.3 楼盖

钢筋砼楼盖裂缝修补方法，主要有表面封闭法、注射法、压力注浆法及填充密封法等，分别适用于不同情况，应根据裂缝成因，裂缝性状如裂缝宽度、裂缝深度，裂缝是否稳定，钢筋是否锈蚀，以及修补目的不同合理选用。

（1）表面封闭法

利用混凝土表层微细独立裂缝（裂缝宽度 $w \leq 0.2$ 毫米）或网状裂纹的毛细作用吸收低黏度且具有良好渗透性的修补胶液，封闭裂缝通道。对楼板和其他需要防渗的部位，尚应在混凝土表面粘贴纤维复合材料以增强封护作用。

（2）注射法

以一定的压力将低黏度、高强度的裂缝修补胶液注入裂缝腔内；此方法适用于 0.1 毫米 $\leq w \leq 1.5$ 毫米静止的独立裂缝、贯穿性裂缝以及蜂窝状局部缺陷的补强和封闭。注射前，应按产品说明书的规定，对裂缝周边进行密封。

缝修补材料应符合下列规定。

A. 改性环氧树脂类、改性丙烯酸酯类、改性聚氨酯类等的修补胶液，包括配套的打底胶、修补胶和聚合物注浆料等的合树脂类修补材料，适用于裂缝的封闭或补强，可采用表面封闭法、注射法或压力注浆法进行修补。修补裂缝的胶液和注浆料的安全性能指标，应符合现行国家标准《工程结构加固材料安全性鉴定技术规范 GB 50728—2011》的规定。

B. 无流动性的有机硅酮、聚硫橡胶、改性丙烯酸酯、聚氨酯等柔性的嵌缝密封胶类修补材料，适用于活动裂缝的修补，以及混凝土与其他材料接缝界面干缩性裂隙的封堵。

C. 超细无收缩水泥注浆料、改性聚合物水泥注浆料以及不回缩微膨胀水泥等无机胶凝材料类修补材料，适用于 $w>1.0$ 毫米的静止裂缝的修补。

D. 无碱玻璃纤维、耐碱玻璃纤维或高强度玻璃纤维织物、碳纤维织物或芳纶纤维等纤维复合材料与其适配的胶黏剂，适用于裂缝表面的封护与增强。

钢筋混凝土构件加固的设计应符合现行国家标准《混凝土结构加固设计规范 GB 50367—2013》的相关规定，应根据具体病害选择合适的加固修复方法。

4.5.2.4 墙体

（1）墙体维修

墙体裂缝的维修应根据成因采用不同的处理方法。因地基不均匀沉降产生的斜裂缝，应于地基沉降稳定或对地基进行加固处理后再进行处理因墙体倾斜、扭转而造成的裂缝，应于结构整体整修复位后方可进行处理。

墙体裂缝修补分为砌体灰缝裂隙修补及砖石块材开裂修补，修补时应符合下列要求。

砌体灰缝修补：砖石砌体灰缝裂隙修补应采用传统材料、传统工艺进行，慎用现代材料；修补以勾缝、填补为主，勾补前应按实际情况对灰缝进行必要的清理（开缝）；灰缝填补应充盈整个裂隙，并应采取防护措施，避免污染周边。

砖石块材开裂修补：修补应阻止水或其他有害物质进入裂隙；修补填充应注意材料的匹配性，修补主体材料应与修补对象材质相同或相近；修补后表面感观应协调一致。

墙体局部残损修复应遵循以下规定：先进行小范围试验，不应在未试验基础上进行大面积修复。墙体上的石质构件修补所使用的材料应是可重复操作的，并应与原材质具有匹配性及兼容性，不应引入对本体有害的物质；修补层面与原始层面应有可靠的结合强度。

对酥碱造成的残损维修，维修结束后还应注意历史建筑的防水处理。

对于墙体根部酥碱造成的残损，修补结束后应做好古建筑周围场地的排水。

断裂石质构件的黏接修复，应使用与石材性能相匹配的胶黏剂。

（2）墙体重新砌筑

墙体组砌方法正确，上下错缝、内外搭砌，砖柱不得采用包心砌法。灰缝饱满均匀平直，墙面平整，洁净美观。砖砌体的收势（即收水）应符合设计要求。用于清水墙、柱表面的砖，应采用边角整齐、色泽均匀的块材。砖在砌筑前应浇水，使其含水率达到10%—15%，采用随铺砂浆随砌筑。承重墙的最上一皮砖、砖砌体的台阶水平面、挑出层及砖拱必须采用整块丁砖砌筑。砖和砂浆的强度必须符合设计要求。砌体的灰缝必须饱满，横平竖直，厚度控制在8—12毫米范围内，厚薄均匀；水平灰缝饱满度不得小于80%；墙面不得出现通缝。

砖砌体的转角处和交接处要求同时砌筑，如确实无法同时砌筑的，应留斜槎（踏步槎），斜槎投影长度不应小于墙体高度的2/3。同时，墙体砌筑应符合《砌体结构工程施工质量验收规范 GB 50203—2011》的要求。

（3）石质构件表面清洗技术

吸附脱盐技术：采用纤维纸、纸浆、脱脂棉、砂布、膨润土等吸附物质，用水作溶剂，使水渗入岩石孔而溶解可溶盐类。随着外表面水分的蒸发，盐溶液向外迁移，逐渐转移到吸附物上。岩石的脱盐过程往往需要进行多次。

化学清洗技术：属于湿法清洗。采用能够与有害污染物发生物理或化学作用的化学药品来达到清洗的目的。化学清洗技术的优点是化学清洗剂能够渗入岩石孔隙中清除特定的污垢和污染物，但关键是正确判断残留物，选择合适的清洗剂。操作大多使用敷贴法，即采用纤维、粉末或胶体等吸附物使清洗剂较长时间地与污垢接触和作用，最后用吸附的方法清除残留物。此方法容易造成环境污染。另外，清洗剂可能对石构件产生损害。

蒸气喷射清洗技术：属于湿法清洗。蒸汽喷射清理机喷射冲击力很小的蒸汽，对灰尘、水垢和生物性污染物进行清洗。此方法是最环保的清洗方法之一。

粒子喷射清洗技术：属于干法清洗。粒子喷射机的喷嘴将粒子材料（石英料、刚玉粉、方解石粉、玻璃微珠、鼓风炉渣粒、塑料粒子等）通过气流喷射到被清洗物上，达到清除污物的目的。此方法的最大优点是适用于清除大面积的不溶性硬垢层，去除量和厚度可人为控制。其缺点是不适用于表面剥落、疏松和风化较严重的构件表面清洗。

激光清洗技术：利用激光束来清洗石质构件表面的附着物，适用面广，易于自动控制。其原理主要如下。

A. 激光脉冲的振动，即利用较高频率的脉冲激光冲击被清洗物的表面，光束转变为声波并从下层硬表皮表面返回，与入射波发生干涉，从而产生共振使污垢层或凝结物振动碎裂。

B. 粒子的热膨胀，即利用基底物质与表面污物对某一波长激光能量吸收系数的差别，使污垢多吸收能量而热膨胀，克服基底对污垢粒子的吸附力而脱落。

C. 分子的光分解或相变，即在瞬间使污垢分子或使人为涂上的辅助液膜汽化、分解、蒸发或爆沸，使表面污垢松散并随微冲击作用而脱离基底表面。

此外，砖石结构表面污染物清理应遵循以下规定。

A. 不应伤害历史建筑本体。不引进有害物质，无不良残留，清洗过程不影响后期保护。

B. 清洗方法应在标准区试验的基础上，通过论证后再实施。

C. 表面活性剂或其他与污垢起作用的水溶液清洗，不应大面积使用。

D. 挥发性有机溶剂应在清洗中限制性使用。

E. 清洗过程中应避免大量用水。

F. 采用蒸汽喷射清洗方法时应注意选择适合的温度与压力。

砖石结构表面风化可根据实际情况对其采取表面防护与渗透处理。防风化保护材料及其工艺的选择应符合《石质文物保护修复方案编写规范 WW/T 0007—2007》和《砂岩质文物防风化材料保护效果评估办法 WW/T 0028—2010》中的相关规定。

（4）木板墙的工艺

木板墙的工艺流程第一步：板墙筋上钉板条。用 2 寸厚 4 寸宽的木条作木板墙筋，筋外钉 1 寸厚 2 寸宽的板条，通过洋钉固定。第二步：作灰泥面。用石膏粉、黄沙、石灰、水泥根据一定比例混合成砂浆，涂抹于板条之上，使表面平整。

（5）墙基防潮层情况的观察

由于历史建筑年代已较为久远，因此可以通过仔细观察砖墙下部是否有明显的受潮劣化的情况，来判断建筑在始建时是否设置了防潮层，或者防潮层是否已年久失效。如果观察到砖墙从地面以上至 1.5 米高度左右，出现墙面粉刷层翘起剥落、中间鼓起、砖墙面潮湿、起青苔等明显而集中的受潮问题，则须重新设置防潮层。维护和修缮时，在未找到墙体受潮本质原因并妥善处理前，不应直接采用外墙石材瓷砖贴面或通过直接重新粉刷等遮盖受潮墙体但治标不治本的方法。

4.5.3 楼地面

4.5.3.1 一般规定

楼地面修缮施工时，应对原有楼地面进行防护，且不得在楼地面上堆载各种拆卸构件。

楼地面铺装有缺失、破损且已妨碍使用时，应进行修缮。修缮范围应仅限于残损处，不宜扩大干预范围。修缮时应尽量利用原有材料，添补选用的块材或面层及黏结材料的规格、品种应与原楼地面一致。原状地面已改，允许使用替代材料，所用材料的质感和色泽、质量应符合设计要求，其总体效果应与历史建筑风貌协调。

对于有保留价值的楼地面（如早期的拼花地砖、马赛克地砖或有时代特色的水磨石地坪等）存在破损的或缺失的，且原材料已无法获取时，应对破损或缺失等残损进行嵌补加固，使其损坏处不应松动而影响周边未受损处。嵌补加固应牢固不得松动，所用的材料色彩、质感以及图案等应与原铺装协调。

4.5.3.2 楼地面修缮方法

（1）水磨石铺地

铲除空鼓、损坏的地坪，并将铲除部位外围处理成规则形态，然后用清水清理基底，保证无残留杂质，清水清洗之后刷 3 毫米素水泥浆结合层，弹线支模，浇筑时应分次浇筑，待第一道浇筑强度达到之后拆模再浇筑第二道待强度达到后拆模再浇筑中间满铺水磨石（白色）。材料选配：浇筑的水磨石料可按 1∶2 水泥石子调配，石子按原色彩（第一道边线红色，第二道边线黑色，中间白色满铺）、原粒径（10—15 毫米）选配。待水磨石凝结牢固具有相当的强度后进行机械打磨，磨盘使用 600 目高标号油石逐层打磨，通磨一遍之后检查磨后效果，未达到之处须再次打磨，在阴角处采用手提式小型磨机进行施磨，直至整个铺地均达到打磨效果。

（2）木楼（地）板

木楼（地）板按其构造分为单层和双层楼（地）面板；当楼（地）面板缺损、松动、腐烂，面积在 20% 以下，应进行局部修换；损坏面积大于 20%，宜进行翻修。

木地板更换，应按原材质进行更换，板段的长度不小于连续三根搁栅的间距；相邻两板段的接头不得在同一根搁栅上。

木地板面的磨耗凹陷在 2 毫米以内，面积在 10% 以下，满足使用安全要求的，原则上可不作处理，也可根据设计要求进行木地板拼接，应紧密牢固，板缝间隙小于0.3毫米，接缝高差小于0.3毫米，修换后板面应刨平、磨光，并作表面防护处理。木地板修缮所用材料，质量应符合现行国家标准的规定，并应作防腐处理。

4.5.4 装饰

4.5.4.1 一般规定

各类木装折制作所采用的树种、材质应与原构件相同，其含水率和防腐、防虫蛀等措施必须符合设计要求和有关规范的规定。

装饰构件制作时，应合理计划用材，避免大材小用，长材短用，优材劣用。制作完成时，应进行质量检验，并做好施工记录。同时应做好防潮、防暴晒、防污染、防碰伤等措施。

装折修补可采取剔补、添配、重新组装及雕饰修补等。装折构件修配应与原有构件的做法、尺寸及图案等一致，以保持原有风格。

各类抹灰修补的墙面应联结紧密牢固，不得空鼓、脱皮、开裂、爆灰。经修补后，表面平整，接槎自然，线条齐顺吻合。

油漆修补，各基层及新旧接槎处，应黏接牢固，无脱皮、空鼓翘边等现象。接槎处观感自然，颜色深浅均匀，无流坠、疙瘩、溅沫，分色线条平齐。

4.5.4.2 水刷石工艺

不同历史建筑中水刷石墙面的石子粒径、配比、灰浆成分各不相同，因此施工之前均须按照原水刷石的配比制作样板，如无法取得原配方，则按照原水刷石形态调配浆料，进行现场对比研究。现场样板通过后，遵从"三拍三洗"的传统工艺流程，进行大面积施工。

工艺流程第一步：灰浆和石子调配。经过若干次样板制作，并完成现场对比实验后，确定石子粒径、配色、混合比例，以及底层灰浆配比，按照体积比进行调配。石子应颗粒坚硬均匀，不含杂质；浆料掺色粉时，选用耐碱、耐光的矿物颜料与水泥一次干拌均匀。第二步：准备衬背层。将墙面基层浮土清扫干净，并充分洒水湿润。为使底灰与墙体黏结牢固，应先刷水泥浆1遍，随即用1∶3水泥砂浆抹底。第三步：弹线分隔、粘钉木条。底灰抹好后即进行弹线分格，要求横条大小均匀，竖条对称一致。把用水浸透底分格木条粘钉在分格线上，以防抹灰后分格条发生膨胀，影响质量。分格条要粘钉平直，接缝严密。面层做好后，应立即取走分格条。第四步：抹面层石子浆。嵌条稍干后，刮黏接层素浆，上面层石子浆，配合比为1∶1.5，稠度控制在5—6厘米，做到随刮素浆随上石子浆。然后实施"三拍三洗"操作。

"一拍一洗"：按照由上而下、从左向右的顺序，用铁抹子将石子浆挤抹严实。厚度略高于分格条1—1.5毫米。

"二拍二洗"：在第一遍冲洗15分钟后，用铁抹子进行第二次轻抹、拍平。要求平整一致，无掉粒；如有掉粒或出现小洞，应用石子浆补上。5分钟后进行第2遍冲洗，达到石子外露1/3为止。

"三拍三洗"：在第2遍冲洗5分钟后，用铁抹子轻轻抹压、拍平。将喷雾器卸去喷头，使水头成柱状，由上而下进行第3遍冲洗，洗去表面水泥浆，要求饰面清晰，分格清楚。

在修缮水刷石墙面时，首先清洗墙面，去除污迹，以及此前涂覆的涂料等后加物。之后分类统计墙面空鼓、裂缝，以及此前保护工程的修补区域。水刷石墙面根据损坏程度不同，有三种不同程度的修缮做法。

（1）破损较轻

墙面原始修补痕迹不予处理，仅凿除空鼓，重新按照原水刷石形态调配浆料，予以修补。

(2) 破损较重

凿除墙面原始修补痕迹并凿除空鼓,重新按照原水刷石形态调配浆料予以修补。

(3) 破损严重

大面积凿除面层,重新按照原水刷石形态调配浆料,制作新的饰面层。

4.5.4.3 灰泥仿石工艺

灰泥仿石是模仿精美的石雕立面的一种经济的石材替代品。里面的衬底材料,通常是砖砌立面。有时可能是比较粗糙、不规整或质量比较差的石材砌筑的立面。因为这种石材直接暴露会受环境影响很快劣化,灰泥起到保护以及遮瑕作用。

传统灰泥仿石装饰外墙主要有5种工艺:平抹工艺、木板条工艺、滑动模具工艺、手工雕型工艺、倒模浇筑工艺。这五种工艺区别主要在于造型的工具和流程,此外灰泥成分和配比也略有差异。以常熟义庄弄倪宅为例,建筑平整的墙面可采用平抹工艺。在其线脚以及门拱弧线的部位等部分可采用滑动模具工艺。在一些较复杂的部分,如墙面浮雕,可采用木板条工艺或倒模浇筑工艺,如拱顶石、柱头花饰,可采用手工雕形工艺。具体的工艺流程如下。

木板条工艺,工艺流程第一步:准备衬背层。做1—2层粗砂浆,具体操作是把调好的粗砂浆用力甩到洒水湿润的砖墙面上,用工具稍微抹平,等2—3天或更长时间,使其硬化。第二步:制作造型木条。用刨和凿将木条制成所需装饰形状,浸水两天,使其吸水膨胀。这么做的原因是当灰泥硬化,木条干燥尺寸会缩小,就可以很容易取走木条,不损伤灰泥的边角。第三步:放置造型木条。墙面的背衬层硬化后,将木条放置并固定到背衬层上。第四步:做一遍粗抹灰。对衬底层彻底浇水湿润后,做一遍粗灰泥(砂的颗粒较粗),抹至木条表面下1厘米处,以便木条之后容易取走。第五步:做一遍细抹灰。等一周后粗抹灰硬化了,在其表面上充分浇水湿润,然后抹一层细水硬石灰砂浆(砂砾直径0—4毫米)。第六步:取走木条。等硬化几周后,非常小心地移除木条,小心避免损伤灰泥轮廓的边缘。第七步:修补钉口。取走木条后,墙面可能留下了固定木条的钉眼,或者其他因取走木条而损伤的部位,马上进行填补修复。

滑动模具工艺,常用于檐口线脚、柱身凹槽、仿石墙缝凹槽、窗框线脚等直线部位。此外,滑动模具工艺也可以用于弧形部位,如拱券、仿石柱。灰泥材料可采用1∶1∶6或2∶1∶9(石灰∶砂∶水)的水硬性石灰砂浆。用于制作新的浮雕灰泥,或者修复之前老的浮雕。即使原浮雕是水泥材料,由于它们太脆弱,修复时不宜用水泥砂浆(太强),而建议用水硬性石灰砂浆。所需模具为薄锌板(或其他金属硬薄板),固定在木支架上。可以通过固定在立面上的水平或垂直导轨和沿导轨立面运行或滑动。此外,需要特殊的抹泥刀和木板。制作直线线脚的工艺流程如下。

第一步:绘制线脚轮廓。1∶1精确绘制需要的线脚轮廓。如果要修复或更换现有的线脚,则必须选取线脚保存最完好的部位,仔细地测量和记录旧的和原始的轮廓。为了验证确切的形状,用纸板制作了精确的模板后,在现场进行测试和纠正。第二步:制作锌板模具。照纸板做1∶1的锌板模具,然后再做小1厘米(小一圈)的锌板模具。把模具固定在木骨架上,用于滑动。由于灰泥一层不可能超过6厘米厚,所以背衬要有足够的砖(石)墙衬底。现场测试,确保模具刮出的灰泥层每个部位都在3—5厘米厚。第三步:做第一层粗灰泥。对衬底进行充分湿润后,把一层粗糙的水硬石灰砂浆(砂的颗粒较粗)用力甩到表面上,然后用小一号的锌板模具在表面往一个方向滑动,刮出造型。如果表面太光滑,需要手工做些凹凸,防止后面再做第二层灰泥时吃不上。第四步:做一遍细灰泥。经过2—3天(最好是更长)的硬化之后,进行面层细灰泥。具体操作为把一层细石灰砂浆甩到表面上,然后用大一号的锌板模具在表面往反方向滑动,使得表面更加坚硬。对于拱券门框等弧线的部位,滑动模具工艺的工艺流程基本一致,但滑动的轨迹为圆弧。工艺要点在于找到拱券的圆心,将滑动支架的中心点固定在圆心上,使得锌板模具在曲线路径上滑动。仿石柱的工艺要点是用可以围绕柱横截面圆形的旋转模具,来生成全柱或半柱。

手工雕型工艺,适用于形式复杂,简单模具无法操作的浮雕花饰、柱头、纪念花章、动物头浮雕等。

工艺流程第一步:绘制图案轮廓。在衬底上描出装饰构件的轮廓。第二步:准备衬底层和灰泥。将轮廓之内的衬底表面凿花,并浇水湿润衬底(为了更好与灰泥结合)。准备灰泥——中等细的水硬石灰砂浆(石灰:砂:水的比例可为1:2:9)。第三步:初步塑形。将灰泥堆进轮廓内,用工具(木铲等)手工对装饰部位的精确轮廓进行手工雕型。第四步:细节塑形。手工雕型工艺对于技艺纯熟的匠人更为便捷,只须借助一些相对简单的辅助工具,就能在衬底之上直接用灰泥进行塑形。如果灰泥装饰浮雕的厚度超过6厘米,建议使用两层独立的灰泥层。在这种情况下,还必须用不锈钢杆件加强装饰构件和立面的铰接。

倒模浇筑工艺,常用于重复装饰部位,可以确保每个构件形态完全一致。很多灰泥立面的装饰物是由波特兰水泥砂浆、石膏或者其他类似的砂浆浇筑成型。研究发现,石膏等相对较弱的材料在暴露于雨水、霜冻和盐分的外墙中可以长期使用。经验表明,石膏浇铸装饰物具有令人惊讶的良好耐久性,并且在某些情况下可以持续数百年。石膏装饰还是主要保留在相当平坦的浮雕或带状装饰上,或者将它们放置在大檐口或屋顶檐下,避开水的地方。此外,非常重要的是对立面上的石膏浇铸饰面进行表面处理,并用一层亚麻籽油漆加以保护。倒模浇筑工艺的灰泥材料建议使用普通波特兰水泥,并与选定的有色砂1:3混合使用。不建议添加玻璃纤维增强水泥(GRC),聚氯乙烯增强剂(PVC)等现代黏合剂和增强剂。

工艺流程第一步:制作模具。先用适当的材料(石膏、木材、水泥)制作1:1的装饰部位的模具。第二步:制作反模。在水泥或石膏或硅橡胶中制作反模具。第三步:浇筑灰泥。把灰泥混合物浇筑到模具中,固定铁件在硬化前放进去。第四步:修补外形。等混合物硬化后,将预制好的装饰构件从模型中取出,安装于立面之上,用灰泥最后修饰。预制灰泥装饰构件与墙体的锚固方法通常为锚件、胶水、石膏块嵌入等,须根据具体情况选择。铁锚件的主要问题是当出现裂缝或缝隙时,铁件表面接触水露,会开始腐蚀,然后由于铁的膨胀,腐蚀很快会再次导致砖石的破裂和破裂。

常熟西式混合结构建筑灰泥仿石墙体,可根据装饰部位的特点,综合运用多种工艺。

4.5.4.4 门窗

(1)门窗修缮

当门窗玻璃缺失时,采用补齐玻璃的措施。

当门窗木料因收缩出现裂缝时,细小的裂缝可采用油漆腻子进行勾抿,裂缝较宽时可采用硬木条镶嵌,并用胶黏剂粘牢。

当门窗整体松弛榫卯松脱时,修缮时可局部或全部拆卸,然后归安方正,接缝要加楔灌胶粘牢。必要时可在窗扇背面加钉铁三角或铁丁字(铁三角或铁丁字可嵌入边梃与表面齐平,并用螺钉拧牢)。边梃和抹头局部劈裂槽朽补钉牢固,严重者应予更换。

门窗开启不便时,采用拆卸重整的措施:拆卸门窗,检查铰链或摇杆情况和窗扇梃料有无变形、膨胀或开裂等影响开关的不良现象。修缮时,若遇铰链锈蚀可加油或更换;摇杆损坏时,可进行修补或更换;对于梃料轻微膨胀或变形产生隙缝时,可在不拆卸的状况下,采用木工刨刨去妨碍开启的部分,抑或在此基础上镶拼木条并归方。若遇变形、膨胀或开裂严重时,可进行更换。

五金配件缺失时,可进行补配。损坏时,可进行更换。

钢门窗扇变形,可拆卸门窗扇进行矫正调平,必要时可根据门窗扇形制,在其内部加角钢进行加固,并做好隐蔽措施。然后再安装复位,测试开关是否灵活。钢门窗扇损坏部分应去除,用相同材质的材料拼接,焊牢后应进行打磨,然后涂刷防锈漆及面层漆。

（2）门窗制作安装

门窗制作选料应符合设计要求或与原构件选用相同材质。门窗扇、框榫槽应嵌合严密，胶料应用胶楔加紧。门窗（框）的榫应采用出榫做法，其宽不应小于其厚度的 1/4，不得大于 1/3；短窗、长窗、隔扇（框）断面厚度大于 50 毫米的应采用双夹榫做法；饰件芯子采用搭接开刻的做法，其开刻深度应为 1/2 厚度；短窗采用裙板，其里裙板应开槽镶嵌，外裙板应采用高低缝形式拼接；门扇的板拼接应用竹梢，并且托档穿带，厚板采用高低榫、棱角钉拼接。板厚超过 50 毫米时，除用高低榫外，还应用穿带梢拼接，所用穿带梢做法其间距不应超过其板厚的 20 倍。此外，榫卯处胶结应牢固，接搓平整，均不得用铁钉类材料代替榫卯结合。

门窗扇（包括门槛、门框或抱柱等）安装，其裁口正确，线条顺直，刨面平整，开关灵活、无倒翘，基本无刨印，戗槎、疵病。五金配件安装位置正确，槽深基本一致，规格符合要求，木螺丝基本拧紧平整，插销开启灵活。

（3）门窗镶玻璃工艺

门窗油饰完成后，须镶玻璃。方法是先将玻璃割成适当尺寸，用极小铜钉钉坚，再用油灰贴合之。

（4）五金构件的修复

木窗五金构件通常会存在锈蚀和缺损的情况，针对金属锈蚀的问题，小苏打溶液浸泡是一种收效好又简便的办法。对于表面锈迹明显的构件，由软布或者黄铜刷子对铁器擦拭带有防腐成分的试剂，在擦拭后观察构件情况，并进一步去锈修复使用。

4.5.4.5 抹灰

（1）抹灰做法

外墙水泥小拉毛：先铲除墙面破损、剥落的粉刷层，并将铲除部位外围处理成规则形态，然后用清水清埋基底，保证无残留杂质。墙面洒水湿润后，即可抹底层灰，底层灰厚度控制在 10—13 毫米。灰层表面要搓平。面层灰的配比依毛头大小而定，细毛头用 1∶0.25—0.3 水泥石灰浆；中毛头用 1∶0.1—0.2 水泥石灰浆；粗毛头用 1∶0.05 水泥石灰浆。面层灰中应适量掺入细砂或细纸筋，以免开裂。待底层灰有 6—7 成干时，即可抹面层灰，紧跟着就进行拉毛。拉细毛头时，用麻绳缠绕的刷子，对着灰面一点一拉，靠灰浆的塑性及吸力顺势拉出一个个细毛头。拉中毛头时，用硬鬃毛刷，对着灰面一按一拉，顺势拉出一个个中毛头。拉粗毛头时，用铁抹按在灰面上，待铁抹有黏附吸力时，顺势拉起铁抹，即可拉成一个个粗毛头。一天后浇水养护。

外墙水泥大拉毛：先铲除墙面破损、剥落的粉刷层，并将铲除部位外围处理成规则形态，然后用清水清理基底，保证无残留杂质。在抹灰前应先浇水使墙面湿润，表面不平处，应用水泥砂浆进行修补。待基底清理后，做灰饼、护角、冲筋，然后再做 14 厚 1∶1∶6 水泥石灰砂浆打底，再用 4 厚 1∶0.5∶1 水泥石灰砂浆做面层；面层施工前应先搓毛底灰，并浇水湿润；拉毛施工时，可两人配合进行，一人在前面抹灰，另一人紧跟着用木蟹平稳地压在抹灰上，顺势轻拉，拉毛时要用力均匀，速度一致，使毛显露，大小均匀，并应与周边墙面拉毛效果一致。

混合砂浆勒脚：先铲除外墙勒脚破损、剥落的粉刷层，并将铲除部位外围处理成规则形态，然后用清水清理基底，保证无残留杂质。在抹灰前应先浇水使墙面湿润，表面不平处，应用水泥砂浆进行修补。待基底清理后，做灰饼、护角、冲筋，然后再做 12 厚 1∶1∶6 水泥石灰砂浆打底，再用 8 厚 1∶1∶6 水泥石灰砂浆做面层；抹灰表面应光滑、洁净、颜色均匀、无抹纹。施工时应小心翻拆架子，防止损坏已抹好的粉刷层，抹灰在凝结前应防止快干、撞击、震动，以保证其灰层有足够的强度。

4.5.4.6 吊顶

板条吊顶修复：板条脱落或缺失的，应按形制进行补配，再铲除周边松动的抹灰层，并处理成规则形状，然后再用纸筋灰将其抹平。纸筋抹灰表面应平整，与板条黏结牢固，与周边接槎平整，无明显痕迹。

4.5.4.7 其他装饰

各类修补构件的制作安装，应按原存构件的相同的方法进行，各类构件修理的榫卯应严密，经修补后，表面应平整，无缺棱掉角翘曲等缺陷。各类线条、割角、拼缝的起线应清晰顺直、通畅，割角平整，拼缝严密。构件花饰的外观修补部分应与原构线条通顺，图案吻合。各类构件安装开关灵活，脱卸方便，五金齐全，安装牢固。

4.5.5 地基基础

地基基础加固施工时，应根据加固方法评估对历史建筑及周边建筑或环境的影响。

地基基础加固施工时，应根据土方开挖情况核实基础形式、埋深及持力层与设计、地质勘探报告等相关资料的符合度，若发现与设计文件不符时，应及时通报设计单位及相关单位，以便做出调整。若遇加固措施无法顺利实施或可能带来不利影响等情况时，应会同设计单位再次确认加固方法或调整为其他措施。

采用注浆加固地基时，应对历史建筑本体及周边建筑进行变形监测，防止应压力变化发生意外。采用扩大基础底面积加固方法时，应保证新旧基础连接牢固，接槎平整。

地基基础加固施工质量验收应符合《建筑地基基础工程施工质量验收标准 GB 50202—2018》的相关要求。

4.6 构筑物修缮施工

4.6.1 石材构筑物修缮施工

4.6.1.1 石材构筑物修缮要求

石材构筑物修缮施工应尽量使用原有构件，添补材料的品种、加工标准、规格尺寸应与原构件材质相同。

须进行更换、补配的构件，其添补的石材质地及纹理走向应符合受力要求，石料进行加工时，其表面应无裂纹和缺棱断角，表面平整整洁；剁斧凿细时其斧印应均匀，深浅一致，刮边宽度基本一致。梁枋类构件榫卯位置应正确，大小合适，节点严密，灌浆饱满，安装牢固。石材表面起线、打亚面、起浑面等形式的构件，其线条应流畅，造型准确，边角整齐圆满。

构筑物须重新组砌时，表面应平整，接槎合顺，搭砌合理，灰浆饱满，勾缝均匀，色泽基本一致，砌筑灰浆及连接铁件应按原形制或符合设计要求。

采用体外加固时，不得影响构筑物本体，与其接触处应设置隔离物进行防护，隔离物应具有耐久性强以及对构筑物本体和周边环境无损害及无污染等要求。

4.6.1.2 构筑物石材风化处理

（1）构筑物中的石材类别

岩浆岩：常见为各类花岗岩。

沉积岩：常见为各类石灰岩、砂岩。

变质岩：常见为各类大理石。

（2）常见病害

裂隙与变形：常见包括网状裂纹、断裂、弯曲等。

剥离、脱落：常见包括鼓包胀裂、层状剥落、颗粒状剥落等。

材质损失形貌：常见包括表层凹窝、机械损伤、微溶蚀等。

变色与堆积：常见包括黑色覆盖层（硫酸钙）、盐霜、薄膜层、表面脏污、涂鸦等。

生物侵蚀：常见藻类、地衣、苔藓、植物等。

（3）保护方法

清洗：清除植物并掏空根系（如有）后以毛刷为主的物理清洗及贴敷（包含脱盐以及化学贴敷）。

黏接：常用环氧树脂或云石胶黏接已经断裂的石构件、视必要性考虑是否植筋。

归安：原始构件或剥离、脱落的部分直接或经清洗、黏接后归置原位。

填补勾缝：采用砂浆填补石材表层凹窝或石构件间的缝隙。

加固：采用恰当的保护材料以渗透的方式，重塑石构件材质本身的内聚力（如采用正硅酸乙酯加固砂岩等含有硅元素的岩石；采用纳米氢氧化钙加固石灰岩、碳酸盐类的青石等）。

表面防护：依据石材类型喷涂或涂刷适当的有机硅或氟碳类的防护材料，增加石材的表面增水性能。其中，有机硅类防护剂与石灰岩、碳酸盐类青石的材质结合较差，因此不适用于此类材质石材的表面防护。岩浆岩其结构细密、抗压强度高、吸水率低、表面硬度大、耐久性强，化学稳定性高于常用的加固和表面防护材料，因此无须处理。

各类石材及相应病害的保护方法见表 4.6.1.2-1。

表 4.6.1.2-1　各类石材及相应病害的保护方法

病害名称	岩浆岩	沉积岩	变质岩
裂隙与变形	黏接、归安、填补勾缝		
剥离、脱落			
材质损失形貌	无须处理	加固、表面防护	
变色与堆积	清洗		
生物侵蚀			

4.6.2　解放后预制钢筋混凝土装配式桥梁修缮施工

4.6.2.1　施工准备

准备工作：在施工前，应对加固桥梁技术状况进行复查，并将复查结果通知有关单位。在桥梁的加固施工过程中，应加强观测与检查，及时反馈信息指导施工。

材料检验：桥梁加固施工使用的主要材料，应具有国家相关管理部门认定的产品性能检测报告和产品合格证，其物理力学性能指标应满足设计要求。桥梁加固用材料的检验，应依据国家及行业现行有关标准执行。

仪器具标定、设备校验：用于桥梁试验与检测的各类仪器具应进行标定，桥梁加固设备应按要求校验。标定和校验应由经有关主管部门认定的计量机构进行。

施工组织设计应按照设计文件和技术规范要求编制实施性施工组织设计。桥梁加固实施性施工组织设计应包括以下内容：编制说明、旧桥概况（含技术状况评定结果）、施工准备及施工总体策划、施工组织机构、加固施工方案、交通组织方案、资金计划、总进度计划及进度图、质量管理和质量保证体系、安全生产、环境保护、人员职业健康等。桥梁加固施工前应进行施工技术交底。

4.6.2.2 施工安全及环境保护

桥梁加固施工，必须严格遵守安全操作规程，建立健全安全生产管理制度。

采用化学材料施工时，配制化学浆液的易燃原料应密封保存、远离火源。配制及使用场地必须通风良好，操作人员防护应符合有关劳动保护规定。施工场地严禁吸烟、明火取暖，并配备相关的消防设施。施工完成后，现场及结构内不应遗留有害化学物质。

桥梁加固施工应严格控制对原结构的损伤。

对处于受力状态下的结构构件进行加固时，若对原结构有削弱，应采取限载或支架支撑措施。所搭设的支架应通过按最不利荷载进行验算。

桥梁加固施工，应减少对交通的影响。对于不中断交通桥梁的加固施工，必须采取以下安全措施：施工前与公路及交通相关管理部门联系办理有关手续，按批准的时间、范围进行施工。严格按《公路养护安全作业规程 JTG H30—2015》设置施工标志、限制速度标志、反光锥形交通路标和其他安全设施。桥下有通航要求时，应布置航行标志和警示灯。桥梁加固前，作业区路段各公路出入口及作业区前方适当位置应设置公告信息牌，并向社会发布相关公告信息。桥梁加固施工前，制定由于交通事故、车辆故障等引起的交通堵塞应急预案，在突发事件发生后及时启动。桥梁加固施工宜在晴天和白天进行。必须在不良天气或夜间施工时，应有相应的施工保障措施。桥梁加固施工，应采取必要措施保护生态环境。

4.6.2.3 施工措施

所选用的各类修缮施工措施应符合《公路桥梁加固施工技术规范 JTG/T J23—2008》的相关要求。

4.7 利用工程修缮施工

4.7.1 设备

历史建筑设备（电气照明、给排水、供暖通风、电梯、水泵、消防、防雷等）因其负载能力或设备、材料老化，不满足当前使用和安全要求时，应予修缮、更新或增设。

更换或新增设备及其系统的敷设，应满足建筑功能和安全要求。其设置部位、外观尺寸等，应与建筑环境相协调，不影响建筑的整体效果。增设的大型设备，如空调外机，储水箱等，应设置于较为隐蔽位置，并在外观上作适当的美化遮挡处理。宜利用建筑原有管道布线，新铺管线不宜在墙面开凿，建议采用明管敷设。结合室内修缮，宜利用地垄、建筑原有管道等布置管线。

设备修缮使用的管线材料、产品及零配件，应符合现行国家产品安全标准的要求。

给排水设备修缮施工：管道穿过墙壁和楼板，应设置金属或塑料套管，接口应用黏结剂粘牢。

电气设备修缮施工：电源引入宜用电缆埋地进线。电线与墙壁、吊顶之间，应进行绝缘处理；导线暗设时应设在非燃材料内，保护层不应小于30毫米。应采用阻燃型或耐火型导线，导线截面应比实际负荷提高一级，以降低导线运行时的温度。所有灯具均不得直接安装在木构件上，应采用绝缘导线、瓷管、玻璃丝等非燃材料作隔热保护。

供暖通风设备修缮施工：分体式空调的室外机宜放置在墙角、阳台、露台或屋顶上，外侧可安装与建筑风格相协调的木百叶或外机金属罩等。有多台空调室外机时，须注意空调室外机的摆放，以保证外观效果。集中空调系统风管可布置在吊顶层或架空地板内。修缮设备竣工后，应进行调试，保证运转正常，符合要求方可投入使用。

4.7.2　消防

历史建筑修缮工程施工期间的消防安全要求应符合《建设工程施工现场消防安全技术规范 GB 50720—2011》的相关要求，在修缮施工现场不得设置易燃易爆危险品仓库，当天结束施工后，应对施工现场的易燃易爆物品清场。

历史建筑木结构修缮时，对顶棚、藻井以上的梁架宜喷涂无色透明的防火涂料；顶棚、吊顶用的苇席和纸、木板墙等应进行阻燃处理，并应达到 B2 级以上阻燃要求。阻燃处理应不得改变重点保护部位。

特别重要的古建筑木结构内严禁敷设电线。当其他历史建筑木结构内需要敷设电线时，应经主管部门和当地公安消防部门批准。电线应采用铜芯线，并敷设在金属管内，金属管应有可靠的接地。

4.7.3　防雷

历史建筑防雷工程的施工和验收应符合现行国家标准《古建筑防雷工程技术规范 GB 51017—2014》或《建筑物防雷工程施工与质量验收规范 GB 50601—2014》的规定。

历史建筑木结构的防雷装置，日常的检查和维护应符合下列规定：应建立检查制度，宜每隔半年或一年定期检查一次；也可安排在台风或其他自然灾害发生后，以及其他修缮工程完工后进行。检查项目应包括防雷装置中的引线、连接和固定装置的联结，不得断开、脱落或变形；金属导体不得腐蚀；接地电阻工作应正常。在防雷装置安装后应防止各种新设的架空线路，当不符合安全距离要求时，应与防雷装置系统相交叉或平行。

4.8　抢修加固工程修缮施工

抢险加固施工可采用钢管或木柱梁对受损处进行临时支顶，同时还应对受损处周边进行加固，以防止险情发展。局部坍塌造成漏雨的应搭设防水棚，同时也做好组织排水系统，以防止雨水侵入。

4.9　迁移工程施工

迁移工程应按设计方案做好施工准备，依据规划新址，完成施工。

采用拆解迁移技术的，应在拆解前将各构件编号，并做好相应的记录。拆解时应小心拆卸，尽量不损坏原构件。拆解后应归堆有序存放，运至迁移目的地，并做好防雨措施。不能直接运至目的地的，应存放于专门仓库，专人看管。施工时，按拆解前记录的资料，按形制、原做法进行安装。原建筑有损坏的应按原样进行修缮。

采用整体平移的，应按设计要求做好整体临时加固和平移的轨道设施，待新址基础完工及养护完成后，即进行平移施工。平移过程中应做好监测工作，若遇偏离方向或出现新裂缝时应立即停止，做好补救工作后方可继续。平移至新址后应进行就位连接，完工后应对建筑进行全面检测并对建筑进行加固施工。整体平移工程施工应符合《建（构）筑物移位工程技术规程 JGJ/T 239—2011》的相关要求。

附 录

附录一 传统木构建筑特色

1. 平面

类型	单进院落
地址	寺后街16号民居
测绘图纸	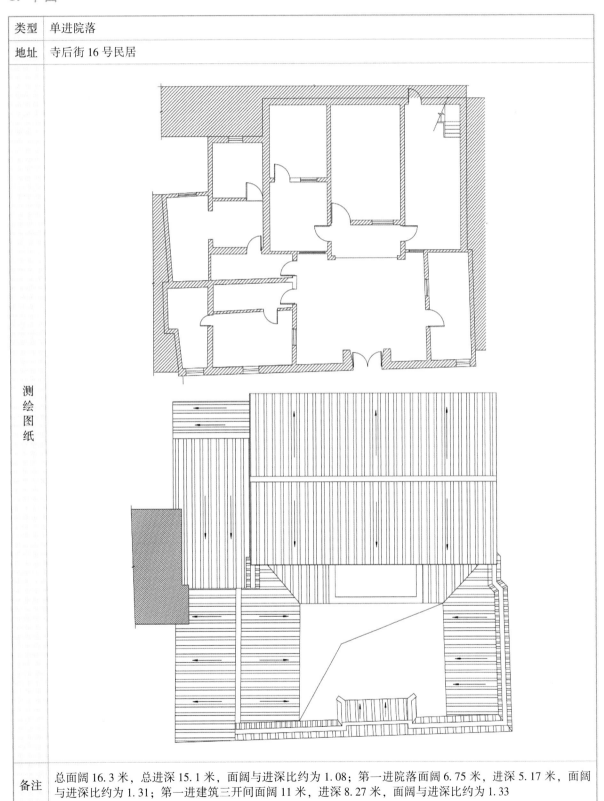
备注	总面阔16.3米，总进深15.1米，面阔与进深比约为1.08；第一进院落面阔6.75米，进深5.17米，面阔与进深比约为1.31；第一进建筑三开间面阔11米，进深8.27米，面阔与进深比约为1.33

续表

类型	两进院落
地址	唐市中心街杨宅
测绘图纸	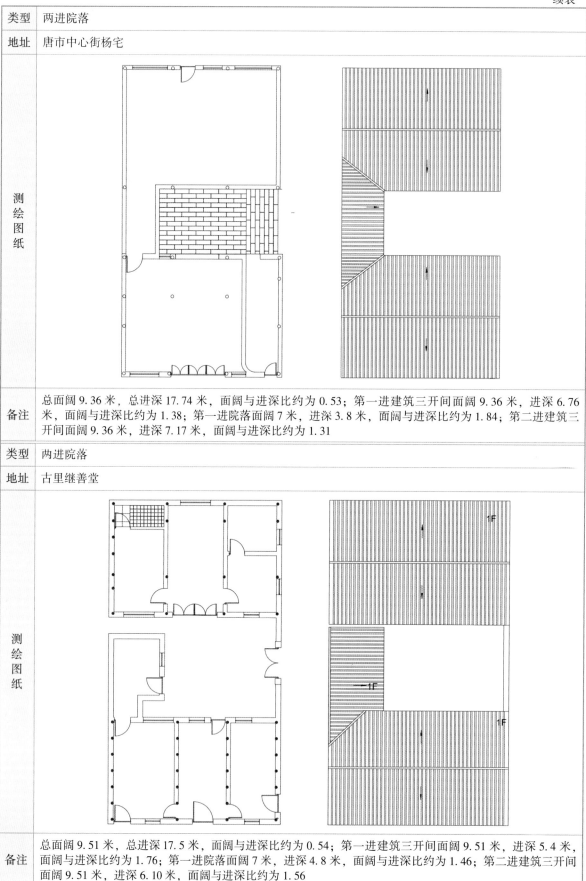
备注	总面阔 9.36 米，总进深 17.74 米，面阔与进深比约为 0.53；第一进建筑三开间面阔 9.36 米，进深 6.76 米，面阔与进深比约为 1.38；第一进院落面阔 7 米，进深 3.8 米，面阔与进深比约为 1.84；第二进建筑三开间面阔 9.36 米，进深 7.17 米，面阔与进深比约为 1.31
类型	两进院落
地址	古里继善堂
测绘图纸	
备注	总面阔 9.51 米，总进深 17.5 米，面阔与进深比约为 0.54；第一进建筑三开间面阔 9.51 米，进深 5.4 米，面阔与进深比约为 1.76；第一进院落面阔 7 米，进深 4.8 米，面阔与进深比约为 1.46；第二进建筑三开间面阔 9.51 米，进深 6.10 米，面阔与进深比约为 1.56

续表

类型	两进院落
地址	北新街许宅
测绘图纸	
备注	总面阔 6.69 米，总进深 15.59 米，面阔与进深比约为 0.43；第一进建筑二开间面阔 6.69 米，进深 4.5 米，面阔与进深比约为 1.49；第一进院落面阔 3.2 米，进深 3 米，面阔与进深比约为 1.07；第二进建筑三开间面阔 6.69 米，进深 7.7 米，面阔与进深比约为 0.87
类型	两进院落
地址	浒浦刘宅
测绘图纸	
备注	总面阔 18.82 米，总进深 22.02 米，面阔与进深比约为 0.85；第一进建筑五开间面阔 18.82 米，进深 4.69 米，面阔与进深比约为 4.01；第一进院落面阔 7.54 米，进深 6.48 米，面阔与进深比约为 1.16；第二进建筑五开间面阔 18.82 米，进深 8.22 米，面阔与进深比约为 2.29

续表

类型	三进院落
地址	午桥弄 8 号民居
测绘图纸	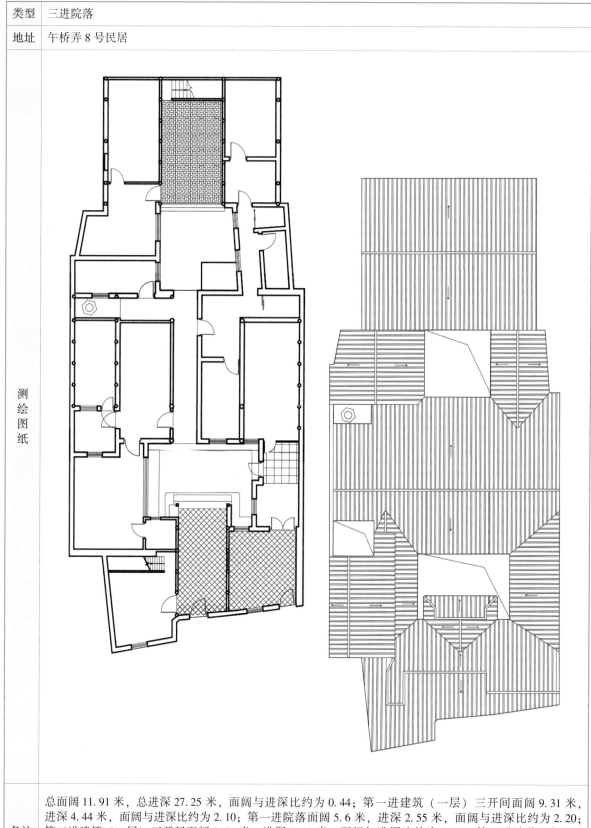
备注	总面阔 11.91 米，总进深 27.25 米，面阔与进深比约为 0.44；第一进建筑（一层）三开间面阔 9.31 米，进深 4.44 米，面阔与进深比约为 2.10；第一进院落面阔 5.6 米，进深 2.55 米，面阔与进深比约为 2.20；第二进建筑（一层）三开间面阔 9.31 米，进深 7.31 米，面阔与进深比约为 1.27；第二进院落面阔 4.1 米，进深 4.2 米，面阔与进深比约为 0.98；第三进建筑（二层）三开间面阔 9.11 米，进深 6.36 米，面阔与进深比约为 1.43

续表

类型	三进院落
地址	四丈湾清代厅堂
测绘图纸	
备注	总面阔 11.31 米，总进深 32.40 米，面阔与进深比约为 0.35；第一进建筑（一层）三开间面阔 10.78 米，进深 7 米，面阔与进深比约为 1.54；第一进院落面阔 10.78 米，进深 5.73 米，面阔与进深比约为 1.88；第二进建筑（一层）三开间面阔 10.78 米，进深 7.78 米，面阔与进深比约为 1.39；第二进院落面阔 2.6 米，进深 2.82 米，面阔与进深比约为 0.92；第三进建筑（三层）三开间面阔 11.31 米，进深 6.3 米，面阔与进深比约为 1.80

续表

类型	三进院落
地址	戚家弄14号民居
测绘图纸	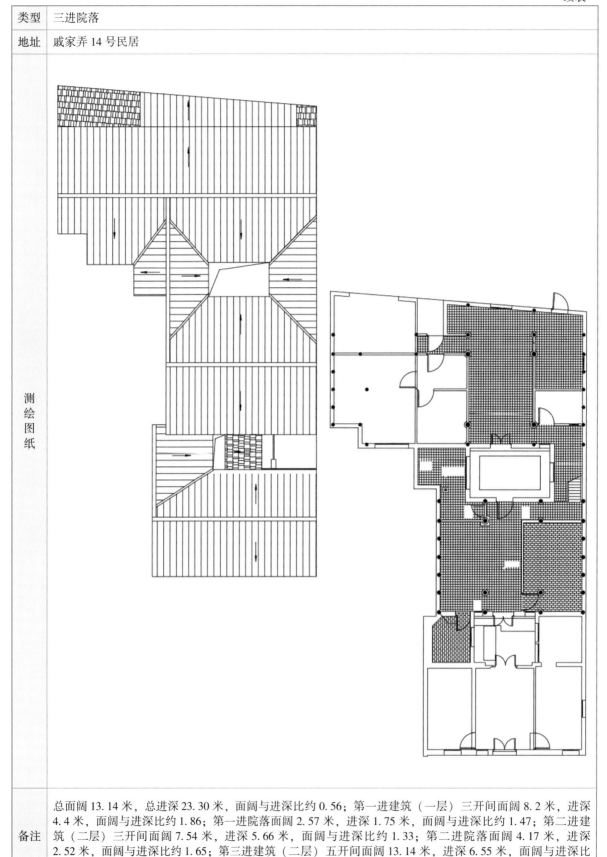
备注	总面阔13.14米，总进深23.30米，面阔与进深比约0.56；第一进建筑（一层）三开间面阔8.2米，进深4.4米，面阔与进深比约1.86；第一进院落面阔2.57米，进深1.75米，面阔与进深比约1.47；第二进建筑（二层）三开间面阔7.54米，进深5.66米，面阔与进深比约1.33；第二进院落面阔4.17米，进深2.52米，面阔与进深比约1.65；第三进建筑（二层）五开间面阔13.14米，进深6.55米，面阔与进深比约2.01

续表

类型	三进院落
地址	新建路 10 号民居
测绘图纸	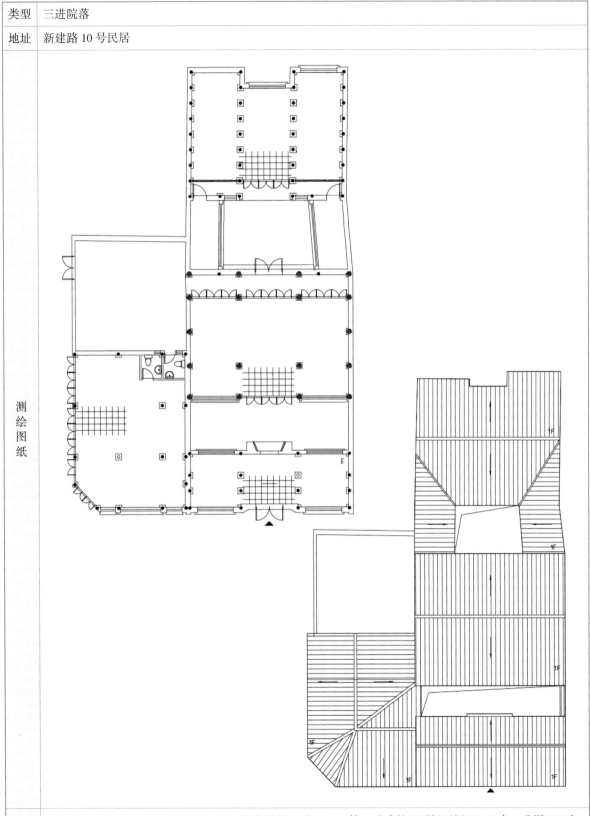
备注	总面阔 18.18 米，总进深 28.05 米，面阔与进深比约 0.65；第一进建筑三开间面阔 10.58 米，进深 4.2 米，面阔与进深比约为 2.52；第一进院落面阔 11 米，进深 2.1 米，面阔与进深比约为 5.24；第二进建筑三开间面阔 10.58 米，进深 7.7 米，面阔与进深比约为 1.37；第二进院落面阔 5 米，进深 3.5 米，面阔与进深比约 1.43；第三进建筑三开间面阔 10.1 米，进深 8.8 米，面阔与进深比约为 1.15

续表

类型	三进院落
地址	西言子巷18号民居
测绘图纸	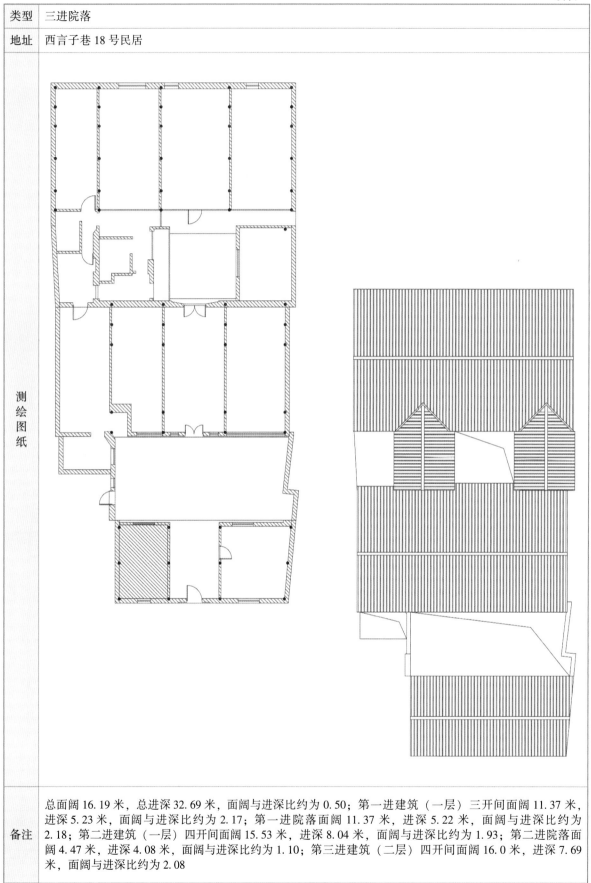
备注	总面阔16.19米，总进深32.69米，面阔与进深比约为0.50；第一进建筑（一层）三开间面阔11.37米，进深5.23米，面阔与进深比约为2.17；第一进院落面阔11.37米，进深5.22米，面阔与进深比约为2.18；第二进建筑（一层）四开间面阔15.53米，进深8.04米，面阔与进深比约为1.93；第二进院落面阔4.47米，进深4.08米，面阔与进深比约为1.10；第三进建筑（二层）四开间面阔16.0米，进深7.69米，面阔与进深比约为2.08

续表

类型	三进院落
地址	和平街45号民居
测绘图纸	
备注	总面阔21.91米，总进深39.38米，面阔与进深比约为0.55；第一进建筑（一层）三开间面阔9.28米，进深6.5米，面阔与进深比约为1.43；第一进院落面阔5.05米，进深3.7米，面阔与进深比约为1.36；第二进建筑（一层）三开间面阔9.28米，进深9.45米，面阔与进深比约为0.98；第二进院落面阔9.1米，进深3.43米，面阔与进深比约为2.65；三进建筑（二层）三开间面阔10.25米，进深7.70米，面阔与进深比约为1.33

续表

类型	三进院落
地址	虞阳里4号民居
测绘图纸	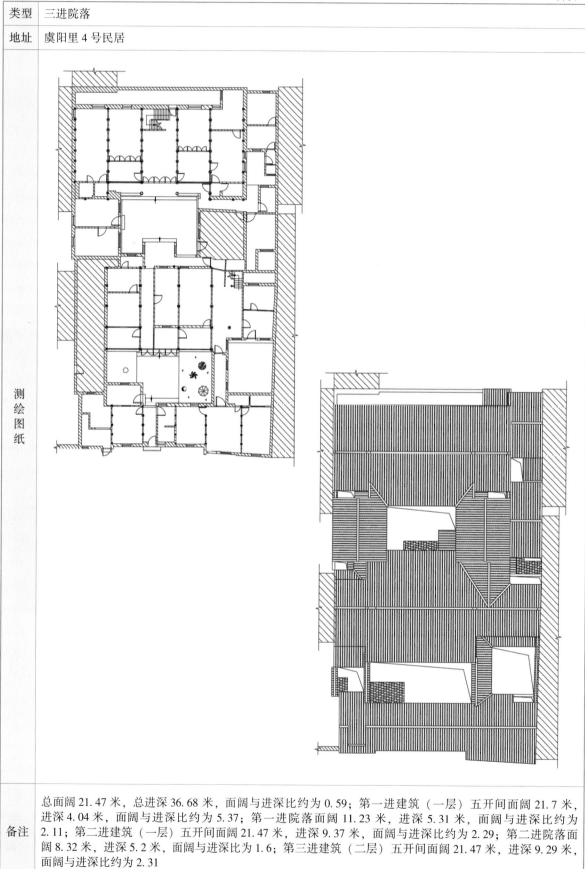
备注	总面阔21.47米，总进深36.68米，面阔与进深比约为0.59；第一进建筑（一层）五开间面阔21.7米，进深4.04米，面阔与进深比约为5.37；第一进院落面阔11.23米，进深5.31米，面阔与进深比约为2.11；第二进建筑（一层）五开间面阔21.47米，进深9.37米，面阔与进深比约为2.29；第二进院落面阔8.32米，进深5.2米，面阔与进深比为1.6；第三进建筑（二层）五开间面阔21.47米，进深9.29米，面阔与进深比约为2.31

续表

类型	四进院落
地址	山塘泾岸 31 号民居
测绘图纸	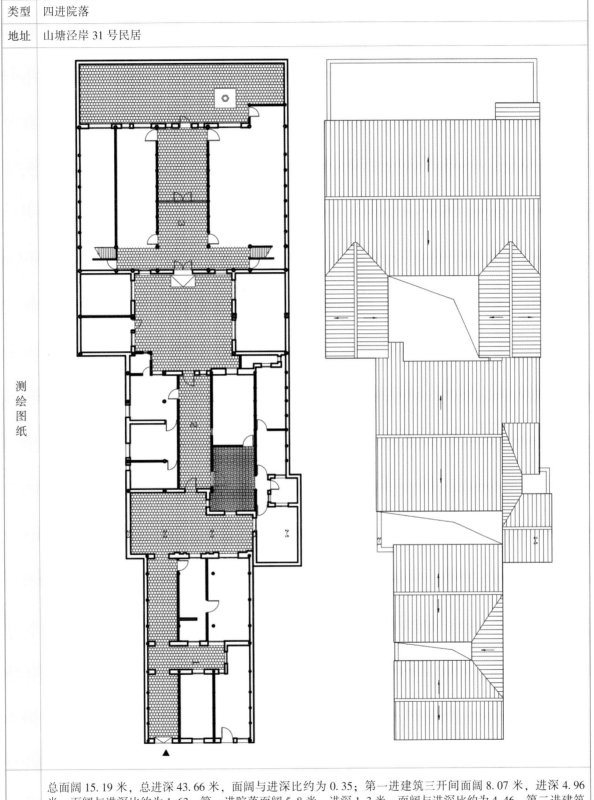
备注	总面阔 15.19 米，总进深 43.66 米，面阔与进深比约为 0.35；第一进建筑三开间面阔 8.07 米，进深 4.96 米，面阔与进深比约为 1.63；第一进院落面阔 5.8 米，进深 1.3 米，面阔与进深比约为 4.46；第二进建筑三开间面阔 8.07 米，进深 6.28 米，面阔与进深比约为 1.29；第二进院落面阔 9.45 米，进深 2.6 米，面阔与进深比约为 3.63；第三进建筑四开间面阔 11.70 米，进深 8.47 米，面阔与进深比约为 1.38；第三进院落面阔 10.3 米，进深 6.4 米，面阔与进深比约为 1.61；第四进建筑五开间面阔 15.19 米，进深 10.34 米，面阔与进深比约为 1.47

续表

类型	四进院落
地址	南泾堂 60 号民居
测绘图纸	
备注	总面阔 13.38 米，总进深 45.76 米，面阔与进深比约为 0.29；第一进建筑三开间面阔 9 米，进深 7.35 米，面阔与进深比约为 1.22；第一进院落面阔 8.7 米，进深 4.85 米，面阔与进深比约为 1.79；第二进建筑三开间面阔 9.1 米，进深 7.19 米，面阔与进深比约为 1.27；第二进院落面阔 5.5 米，进深 4.08 米，面阔与进深比约为 1.35；第三进建筑三开间面阔 9.4 米，进深 8.8 米，面阔与进深比约为 1.07；第三进院落面阔 7 米，进深 3.68 米，面阔与进深比约为 1.90；第四进建筑五开间面阔 10.57 米，进深 7.19 米，面阔与进深比约为 1.47

续表

类型	四进院落
地址	四丈湾范宅
测绘图纸	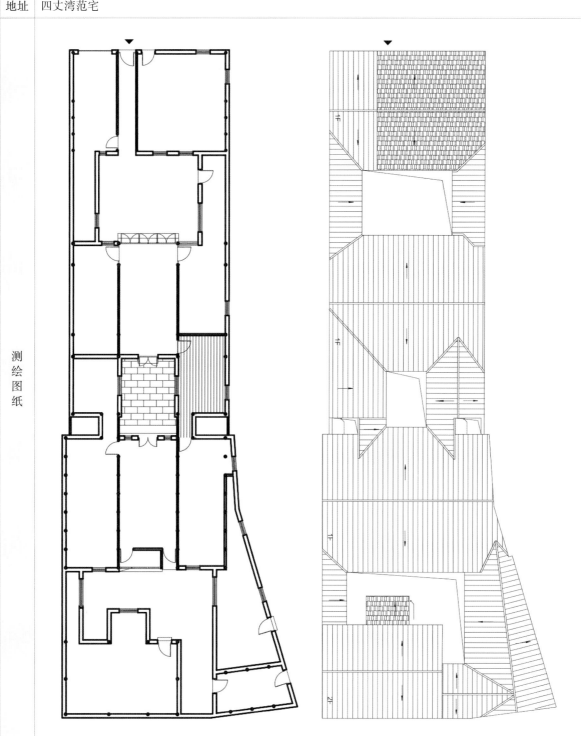
备注	总面阔15.62米，总进深41.26米，面阔与进深比约为0.38；第一进建筑三开间面阔9.8米，进深6.09米，面阔与进深比约为1.61；第一进院落面阔6米，进深4.15米，面阔与进深比约为1.45；第二进建筑三开间面阔9.8米，进深7.05米，面阔与进深比约为1.39；第二进院落面阔2.68米，进深3.58米，面阔与进深比约为0.75；第三进建筑三开间面阔9.8米，进深7.57米，面阔与进深比约为1.29；第三进院落面阔7.85米，进深3.4米，面阔与进深比约为2.31；第四进建筑三开间面阔7.95米，进深4.52米，面阔与进深比约为1.76

续表

类型	五进院落
地址	南泾堂 18 号民居
测绘图纸	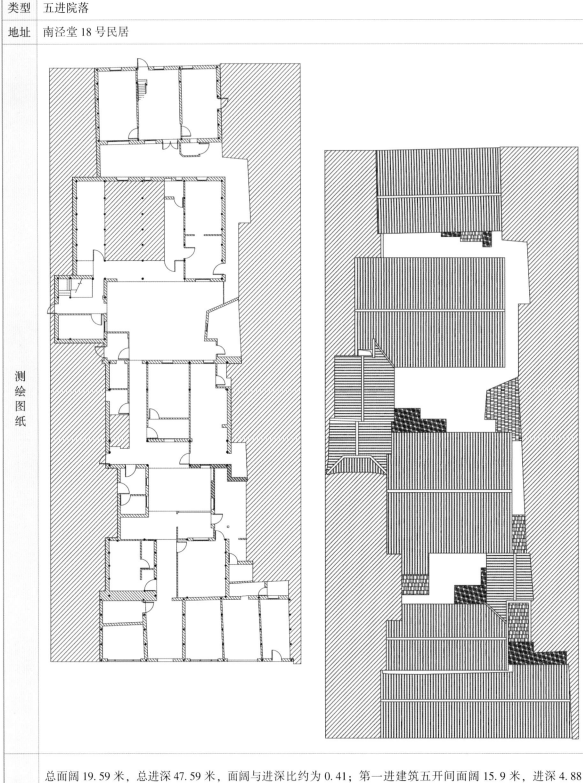
备注	总面阔 19.59 米，总进深 47.59 米，面阔与进深比约为 0.41；第一进建筑五开间面阔 15.9 米，进深 4.88 米，面阔与进深比约为 3.26；第二进建筑三开间面阔 4.38 米，进深 10.34 米，面阔与进深比约为 0.42；第二进院落面阔 4.86 米，进深 4.2 米，面阔与进深比约为 1.16；第三进建筑三开间面阔 9.89 米，进深 8.09 米，面阔与进深比约为 1.22；第三进院落面阔 8.39 米，进深 6.04 米，面阔与进深比约为 1.39；第四进建筑四开间面阔 12.13 米，进深 7.85 米，面阔与进深比约为 1.55；第四进院落面阔 10.2 米，进深 3.43 米，面阔与进深比约为 2.97；第五进建筑三开间面阔 10.02 米，进深 5.58 米，面阔与进深比约为 1.80

续表

类型	并置两路院落
地址	午桥弄 29 号民居
测绘图纸	
备注	两路总面阔 24.42 米，总进深 19.6 米，面阔与进深比约为 1.25；西路第一进建筑面阔 10.5 米，进深 4 米，面阔与进深比约为 2.63；西路第一进院落面阔 3.5 米，进深 2.8 米，面阔与进深比约为 1.25；第二进建筑面阔 10.5 米，进深 8.2 米，面阔与进深比约为 1.28；西路第一进院落面阔 10.5 米，进深 2.58 米，面阔与进深比约为 4.07；东路第一进建筑面阔 10.5 米，进深 4 米，面阔与进深比约为 2.63；东路第一进院落面阔 3.5 米，进深 2.8 米，面阔与进深比为 1.25；第二进建筑面阔 10.5 米，进深 8.2 米，面阔与进深比约为 1.28；东路第二进院落面阔 7.1 米，进深 3.36 米，面阔与进深比约为 2.11

续表

类型	并置两路院落
地址	四丈湾55、57号民居
测绘图纸	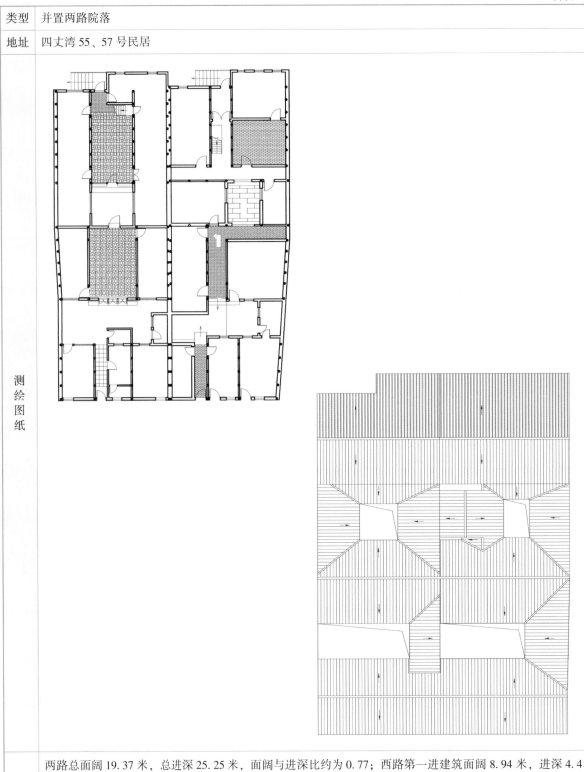
备注	两路总面阔19.37米，总进深25.25米，面阔与进深比约为0.77；西路第一进建筑面阔8.94米，进深4.4米，面阔与进深比约为2.03；西路第一进院落面阔6.75米，进深2.8米，面阔与进深比约为2.41；第二进建筑面阔9.95米，进深5.94米，面阔与进深比约为1.68；西路第二进院落面阔2.7米，进深3.48米，面阔与进深比约为0.78；第三进建筑面阔9.95米，进深7.58米，面阔与进深比约为1.31；东路第一进建筑面阔9.07米，进深4.4米，面阔与进深比约为2.06；东路第一进院落面阔7.3米，进深2.8米，面阔与进深比约为2.61；第二进建筑面阔9.32米，进深5.84米，面阔与进深比约为1.60；东路第二进院落面阔3.45米，进深3.23米，面阔与进深比约为1.07；第三进建筑面阔9.32米，进深7.58米，面阔与进深比约为1.23

2. 铺地及台阶

类型	室内方砖铺地	做法	方砖正铺
地址	和平街 45 号民居	规格	395 毫米×395 毫米
现状照片		测绘图纸	

类型	室内方砖铺地	做法	方砖正铺
地址	南泾堂 18 号民居	规格	420 毫米×420 毫米
现状照片		测绘图纸	

类型	室内方砖铺地	做法	方砖正铺
地址	唐市中心街陈宅	规格	383 毫米×383 毫米
现状照片		测绘图纸	
图解参考			

续表

类型	室内小方砖拼花铺地	做法	拼花铺设
地址	缪家湾18号民居	规格	小方砖尺寸为122.5毫米×245毫米，8块小方砖组成490毫米×490毫米的方形拼花
现状照片		测绘图纸	
类型	室内小方砖拼花铺地	做法	拼花铺设
地址	永忍堂张宅	规格	小方砖尺寸为95毫米×200毫米，8块小方砖组成400毫米×400毫米的方形拼花
现状照片		测绘图纸	
类型	室内小方砖拼花铺地		
地址	四丈湾范宅		
现状照片			
类型	庭院金山石铺地	做法	金山石正铺
地址	四丈湾范宅	规格	金山石块尺寸为500毫米×820毫米
现状照片			

续表

类型	庭院水磨石铺地		
地址	四丈湾周宅	做法	水磨石拼花铺地
现状照片		测绘图纸	

类型	庭院水磨石铺地	类型	庭院水磨石铺地
地址	虹桥下塘51号民居	地址	常熟县邮电局唐市支局
做法	水磨石拼花铺地	做法	水磨石铺地
现状照片		现状照片	

类型	庭院弹石拼花铺地		
地址	和平街45号民居	做法	弹石密铺，望砖条分隔
现状照片			

类型	庭院小青砖铺地	类型	庭院小青砖铺地
地址	虞阳里4号民居	地址	浒浦刘宅
做法	望砖条拼花侧铺	做法	望砖条拐子线拼花
现状照片		现状照片	
备注	单条石尺寸为25毫米×170毫米		

续表

类型	台阶	做法	正间阶沿石位于正间前廊柱之间，长度略小于开间尺寸，尽间阶沿石做暴露处理，菱角石可雕刻
地址	西言子巷 28 号民居		
现状照片			

类型	台阶
地址	南泾堂 18 号民居
现状照片	

类型	台阶	类型	台阶
地址	老三星副食品商店	地址	浒浦刘宅
现状照片		现状照片	

3. 柱础

类型	带金刚腿的圆鼓磴	类型	带金刚腿的圆鼓磴
地址	和平街45号民居	地址	南泾堂18号民居
现状照片		现状照片	
备注	鼓磴高160毫米	备注	位于正间廊步柱处，与金刚腿为一体，用于设置木门槛
类型	带金刚腿的圆鼓磴	类型	带金刚腿的圆鼓磴
地址	西言子巷28号民居	地址	唐市中心街陈宅
现状照片		现状照片	
类型	圆鼓磴	类型	圆鼓磴
地址	君子弄47号民居	地址	新建路10号民居
现状照片		现状照片	
备注	无走水，胖势40毫米	备注	走水30毫米，胖势60毫米
类型	圆鼓磴	类型	圆鼓磴
地址	和平街45号民居	地址	唐市中心街陈宅
现状照片		现状照片	
备注	走水20毫米，胖势60毫米	备注	走水25毫米，胖势40毫米

续表

类型	方鼓磴	类型	方鼓磴
地址	虞阳里 2 号民居	地址	西言子巷 28 号民居
现场照片		现场照片	
备注	鼓磴高 125 毫米，走水 10 毫米，胖势 30 毫米，花岗岩材质，高度在 130 毫米左右，有走水和无走水做法			
类型	磉石	类型	磉石
地址	唐市中心街陈宅	地址	浒浦刘宅
现场照片		现场照片	

4. 大木——贴式

类型	圆堂	地址	南泾堂 18 号民居
现状照片	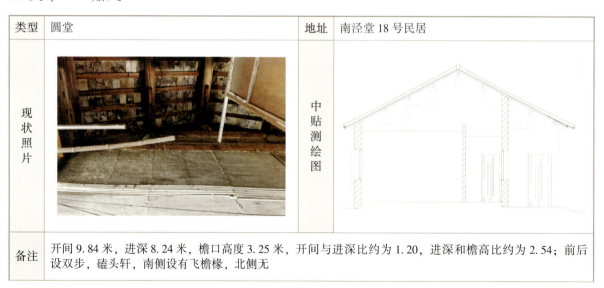	中贴测绘图	
备注	开间 9.84 米，进深 8.24 米，檐口高度 3.25 米，开间与进深比约为 1.20，进深和檐高比约为 2.54；前后设双步，磕头轩，南侧设有飞檐椽，北侧无			

续表

类型	圆堂	地址	浒浦刘宅
现状照片		中贴测绘图	
备注	开间 8.82 米，进深 8.22 米，檐口高度 3.32 米，开间与进深比约为 1.07，进深和檐高比约为 2.48；正贴五柱落地，未设出檐椽			
图解参考	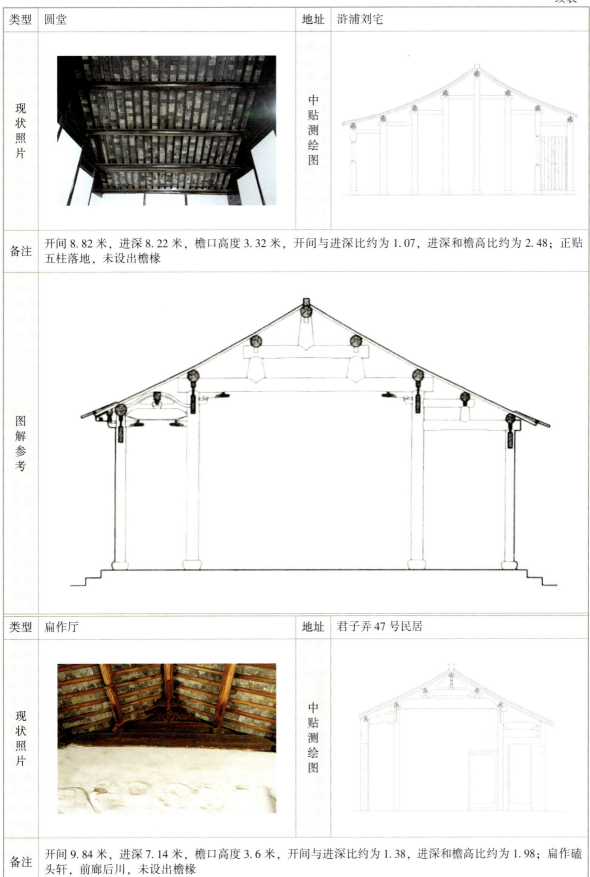			
类型	扁作厅	地址	君子弄 47 号民居
现状照片		中贴测绘图	
备注	开间 9.84 米，进深 7.14 米，檐口高度 3.6 米，开间与进深比约为 1.38，进深和檐高比约为 1.98；扁作磕头轩，前廊后川，未设出檐椽			

续表

类型	扁作厅	地址	和平街45号民居
现状照片		中贴测绘图	
备注	开间9.2米，进深9.85米，檐口高度3.52米，开间与进深比约为0.93，进深和檐高比约为2.80；扁作抬头轩，前廊一枝香鹤胫轩，未设出檐椽		
类型	扁作厅	地址	山塘泾岸31号民居
现状照片		中贴测绘图	
备注	开间11.69米，进深8.24米，檐口高度3.06米，开间与进深比约为1.42，进深和檐高比约为2.70；半磕头轩，前廊船篷轩，后双步		
类型	满轩	地址	山前街祠堂
现状照片		中贴测绘图	
类型	临河圆作	地址	唐市金桩浜陆宅
现状照片		中贴测绘图	
备注	开间10.11米，进深3.54米，檐口高度1.98米，开间与进深比约为2.86，进深和檐高比约为1.79；沿河建筑，童柱于梁连接处的鹰嘴分棱较为明显清晰		

5. 大木——内四界

类型	圆作正贴	地址	南泾堂 18 号民居
现状照片		测绘图纸	
备注	内四界界深为 4.12 米，大梁直径 0.2 米，山界梁直径 0.18 米，桁条直径均为 0.14 米		
类型	圆作正贴	地址	四丈湾范宅
现状照片		测绘图纸	
备注	内四界界深为 4.35 米，大梁直径 0.15 米，山界梁直径 0.15 米，桁条直径为 0.2 米		
类型	圆作正贴	类型	圆作边贴
地址	浒浦刘宅	地址	闾庆堂贾宅
现状照片		现状照片	
		备注	五柱落地做法
类型	圆作边贴	地址	浒浦刘宅
测绘图纸			
备注	五柱落地做法		

续表

类型	扁作正贴	地址	君子弄 47 号民居
现状照片		测绘图纸	
备注	内四界界深为 4.31 米，大梁高 0.4 米，山界梁高 0.24 米，桁条直径均为 0.21 米；山界梁、大梁与柱头坐斗直接交接，无梁垫和蒲鞋头；山界梁斗六升承托脊机；金机下无牌科，由坐斗直接承托；山界梁、大梁均为拼料，设山雾云及抱梁云		

类型	扁作正贴	地址	和平街 45 号民居
现状照片		备注	内四界界深为 4.14 米，大梁高 0.45 米，山界梁高 0.30 米，桁条直径均为 0.18 米。斗六升承托脊机；金机由扁作大梁上两个坐斗直接承托；山界梁、大梁均为拼料，不设抱梁云

类型	扁作正贴	地址	四丈湾周宅
现状照片		备注	山界梁、大梁与柱头坐斗直接交接，无梁垫和蒲鞋头；山界梁斗六升承托脊机；金机下无牌科，由坐斗直接承托；山界梁、大梁均为拼料，设山雾云及抱梁云

类型	扁作边贴	类型	扁作边贴
地址	粉皮街 15 号民居	地址	南泾堂 18 号附近民居
现状照片		现状照片	
备注	五柱落地做法；脊柱斗六升承托脊机，或直接承托；金柱坐斗承托金机，或直接承托；山墙做山垫板		

续表

类型	扁作边贴	类型	圆作回顶正贴
地址	君子弄47号民居	地址	君子弄47号民居
现状照片		现状照片	
备注	一脊二挥做法；前后双步与柱头坐斗交接，不设梁垫和蒲鞋头；脊柱头坐斗承托脊机，前后眉川下由坐斗承托	备注	圆作五界回顶，回顶弯椽曲度约回顶界深十分之一起弯

6. 大木——轩

类型	一枝香鹤胫轩	地址	和平街45号民居
现状照片		测绘图纸	
备注	轩界深0.14米，轩梁高0.33米		
类型	一枝香鹤胫轩	地址	缪家湾18号民居
现状照片		测绘图纸	
备注	轩界深1.1米，轩梁高0.2米		

类型	一枝香鹤胫轩	地址	庙弄钱宅
现状照片			
备注	蒲鞋头承托梁垫蜂头后再承托扁作梁，也可轩梁直接连接柱头；轩梁一般为拼料		

类型	船篷轩	地址	和平街45号民居
现状照片		测绘图纸	
备注	轩界深2.27米，桁条直径0.18米，轩梁高0.39米；柱头坐头直接承托扁作梁，轩桁为圆桁，轩梁为拼料，弯椽两边为直椽		

类型	船篷轩	类型	茶壶档轩
地址	南泾堂18号民居	地址	缪家湾18号民居
现状照片		现状照片	
备注	轩桁为圆桁；轩梁为整料，圆作；弯椽两边为直椽	备注	茶壶档椽为方椽，椽中部高起一望砖

7. 大木——檐口

类型	无飞椽檐口	地址	唐市中心街陈宅
现状照片		测绘图纸	
备注	方椽，杉木，二层民居建筑，出檐为 0.65 米		
类型	无飞椽檐口	地址	原城隍庙建筑
现状照片		测绘图纸	
备注	方椽，杉木，出檐 0.6 米左右		
类型	无飞椽檐口	地址	新建路 10 号民居第一进
现状照片		测绘图纸	
类型	无飞椽檐口	地址	北新街 1 号民居
现状照片			

续表

类型	有飞椽檐口		
地址	南泾堂18号民居	地址	君子弄47号民居
现状照片		现状照片	
备注	一出檐椽为0.55米，飞椽出檐为0.3米		
类型	蒲鞋头云头挑梓桁檐口	地址	虹桥下塘25号民居
现状照片		备注	蒲鞋头出两跳从檐柱头插出，大斗承托云头做挑梓，椽子及飞椽均为方椽，飞椽头做卷杀，杉木材质
类型	蒲鞋头云头挑梓桁檐口	类型	蒲鞋头云头挑梓桁檐口
地址	缪家湾18号民居	地址	南泾堂18号民居
现状照片		现状照片	
地址	红旗南路某民居		
现状照片			

8. 大木——楼房及楼厅

类型	楼房	类型	楼房
地址	四丈湾周宅	地址	南泾堂 18 号民居
测绘图纸		测绘图纸	
备注	一层高度 3.3 米，二层高度 4.4 米，比值为 1：1.33；六界楼房边贴式，通长廊柱、步柱、脊柱，双步承重，一层搁栅每界一根	备注	一层高度 2.6 米，二层高度 4.1 米，比值为 1：1.6；六界楼房边贴式，内四界通长五柱落地，一层搁栅每界两根
类型	楼房	地址	寺后街 16 号民居
现状照片		测绘图纸	
备注	一层高度 2.8 米，二层高度 4 米，比值为 1：1.43；六界楼房正贴式，一层搁栅每界一根		
类型	楼房	地址	虹桥下塘 3 号民居
现状照片		测绘图纸	
备注	一层高度 3.3 米，二层高度 3.8 米，比值为 1：1.15		

续表

类型	楼房		地址	唐市中心街陈宅
现状照片			测绘图纸	
备注	一层高度 2.87 米，二层高度 4.21 米，比值为 1∶1.47；六界楼房边贴式，通长廊柱、步柱、脊柱，双步承重，一层搁栅每界一根			

类型	楼房	类型	楼房	类型	楼房
地址	唐市中心街杨宅	地址	唐市中心街89号民居	地址	唐市中心街76号民居
现状照片		现状照片		现状照片	

类型	副檐轩		地址	虹桥下塘3号民居
现状照片			测绘图纸	
备注	一层高度 3.3 米，二层高度 3.8 米，比值为 1∶1.15，轩进深 1.2 米；前轩作鹤胫轩，对界搁栅			

续表

类型	副檐杆	地址	虹桥下塘 25 号民居
现状照片		测绘图纸	
备注	一层高度 3.6 米，二层高度 4 米，比值为 1∶1.11，轩进深 0.9 米；前轩作鹤胫轩，对界搁栅		
类型	骑廊轩	地址	山塘泾岸杨宅
现状照片		测绘图纸	
备注	一层高度 3.2 米，二层高度 3.8 米，比值为 1∶1.19，轩进深 1.2 米；前廊作轩，二层前廊柱置于轩上，对界搁栅		

续表

类型	楼下轩	类型	楼下轩
地址	后花园弄6号民居	地址	梅李西街40号民居
测绘图纸		测绘图纸	
备注	一层高度3.3米，二层高度3.8米，比值为1：1.15，轩进深1.2米；前廊作鹤胫轩，对界搁栅	备注	一层高度3.4米，二层高度4米，比值为1：1.18，轩进深1.5米；前廊作鹤胫轩，对界搁栅
类型	楼梯	地址	君子弄47号第三进民居
现状照片		测绘图纸	
备注	踏步长0.22米，高0.15米		

续表

类型	楼梯	地址	常熟县邮电局唐市支局
现状照片		备注	踏步长 0.2 米，高 0.17 米
类型	楼房搁栅	地址	虹桥下塘 3 号民居
现状照片		测绘图纸	
备注	方搁栅，每界一根，80 毫米×160 毫米×880 毫米		
类型	楼房搁栅	地址	唐市中心街陈宅
现状照片		测绘图纸	
备注	方搁栅，每界一根，100 毫米×190 毫米×880 毫米		

续表

类型	楼房搁栅	类型	楼房搁栅
地址	虹桥下塘 25 号民居	地址	南泾堂 18 号民居
测绘图纸	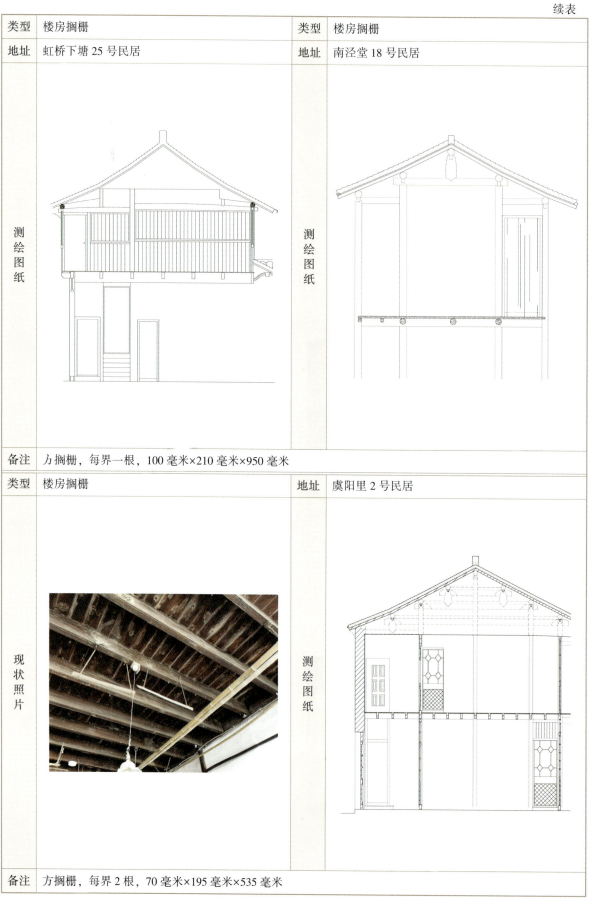	测绘图纸	
备注	方搁栅，每界一根，100 毫米×210 毫米×950 毫米		
类型	楼房搁栅	地址	虞阳里 2 号民居
现状照片		测绘图纸	
备注	方搁栅，每界 2 根，70 毫米×195 毫米×535 毫米		

9. 大木——提栈

类型	平房	地址	南泾堂 18 号民居
现状照片		测绘图纸	
备注	南至北分别为四算/四算半—五算半/四算		
类型	平房	地址	浒浦刘宅
现状照片		测绘图纸	
备注	北至南分别为五算/五算半/五算半/六算半—六算半/五算/三算半		
类型	厅堂	地址	君子弄 47 号民居
现状照片		测绘图纸	
备注	北至南分别为四算半/五算半/五算半—五算半/四算半/四算半		
类型	厅堂	地址	永忍堂张宅
现状照片		备注	南至北分别为四算半/五算—五算/四算半/四算

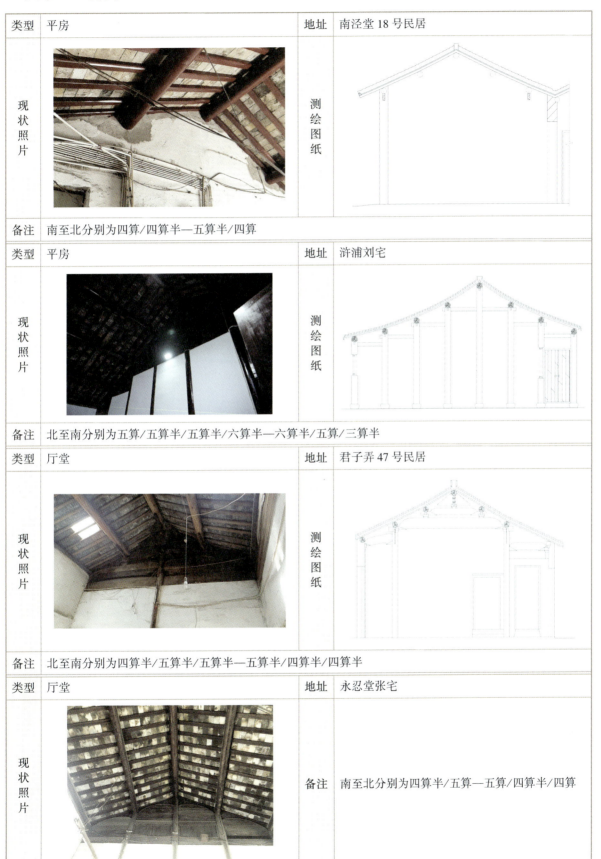

续表

类型	楼厅	类型	楼厅
地址	唐市中心街陈宅	地址	寺后街16号民居
测绘图纸		测绘图纸	
备注	南至北分别为四算半/五算—五算/四算半	备注	南至北分别为四算/五算/六算—六算/五算/四算

10. 墙体——砌法

类型	空斗	地址	唐市某民居
规格	单块砖尺寸长235毫米，宽115毫米，厚23毫米，灰缝厚7毫米左右	现状照片	
做法	单丁空斗，错缝砌，砖的尺寸与二斤砖几乎相同		
类型	空斗	地址	新都大戏院旧址东侧民居
规格	单块砖尺寸长220毫米，宽110毫米，厚25毫米，灰缝厚6毫米左右	现状照片	
做法	从地面往上1230毫米处，砌法从实扁砌法变成单丁空斗，卧砖两皮		

续表

类型	空斗	地址	庙弄钱宅
做法	单丁空斗	现状照片	

类型	实滚	地址	唐市中心街43号民居
规格	单块砖尺寸长195毫米，宽97毫米，厚18毫米，灰缝厚7毫米左右	现状照片	
做法	实滚芦箴片砌法，每层之间扁砌一皮		

类型	实滚	地址	唐市中心街111号民居
规格	单块砖尺寸长195毫米，宽97毫米，厚18毫米，灰缝厚7毫米左右	现状照片	
做法	实扁砌法		

类型	实滚	地址	通河桥弄某民居
规格	单块砖尺寸长195毫米，宽97毫米，厚18毫米，灰缝厚7毫米左右	现状照片	
做法	实扁砌法		

11. 墙体——垛头

类型	垛头	类型	垛头
地址	健康巷 10 号民居	地址	四丈湾 44 号民居
现状照片		现状照片	

类型	垛头	地址	四丈湾范宅
现状照片		测绘图纸	

类型	垛头	地址	北新街 1 号民居
现状照片			

类型	卧瓶嘴垛头	类型	卧瓶嘴垛头
地址	庙弄巷某民居	地址	唐市中心街陈宅
现状照片		现状照片	

续表

类型	卧瓶嘴垛头	地址	君子弄 47 号民居
现状照片		测绘图纸	

类型	吞金式垛头	地址	四丈湾 77 号民居
做法	类似于《营造法原》吞金式垛头		
现状照片		测绘图纸	

类型	吞金式垛头	类型	朝板式垛头
地址	唐市中心街某民居	地址	南泾堂 18 号民居
现状照片		现状照片	

类型	朝板式垛头	类型	朝板式垛头
地址	山塘泾岸 31 号民居	地址	西言子巷 28 号民居
现状照片		现状照片	

12. 墙体——山墙收口

类型	盖瓦	类型	盖瓦
地址	健康巷 10 号民居	地址	君子弄 47 号民居
现状照片		现状照片	
备注	一片盖瓦位于原飞砖位置处对山墙进行收口		
类型	飞砖	类型	飞砖
地址	新建路 10 号民居	地址	新都大戏院旧址东侧民居
现状照片		现状照片	
类型	飞砖	做法	飞砖收口
地址	粉皮街某民居		
现状照片			
类型	博风板	类型	博风板
地址	山前街祠堂	地址	甸桥村民居
现状照片		现状照片	

13. 屋面——用瓦

类型	小青瓦屋面	类型	小青瓦屋面
地址	庙弄钱宅	地址	缪家湾18号民居
现状照片		现状照片	
备注	花边瓦，滴水瓦		
类型	小青瓦屋面	类型	小青瓦屋面
地址	四丈湾范宅	地址	四丈湾55、57号民居
现状照片		现状照片	
备注	花边瓦，无滴水瓦		
类型	小青瓦屋面	类型	小青瓦屋面
地址	北新街1号民居	地址	君子弄47号民居
现状照片		现状照片	
备注	无花边瓦，无滴水瓦		
类型	斜沟	现状照片	
做法	屋面相交部位，阴角处铺设一条底瓦楞，用于排水		
地址	庙弄钱宅		

14. 屋面——形式

类型	硬山	类型	硬山
地址	北新街 1 号民居	地址	四丈湾 25—27 号民居
现状照片		现状照片	
备注	混水		
类型	硬山	做法	清水
地址	寺后街 16 号民居		
现状照片			
类型	硬山		
地址	四丈湾 77 号民居		
现状照片		测绘图纸	
类型	屏风墙	类型	屏风墙
地址	庙弄民居	地址	唐市中心街某民居
现状照片		现状照片	

续表

类型	歇山	类型	歇山
地址	原城隍庙建筑	地址	山前街祠堂
现状照片		现状照片	
备注	重檐歇山		

15. 屋面——屋脊

类型	甘蔗脊	类型	甘蔗脊
地址	和平街45号民居	地址	新建路10号民居
现状照片		现状照片	
类型	甘蔗脊	类型	纹头脊
地址	南泾堂60号民居	地址	庙弄钱宅
现状照片		现状照片	

续表

类型	纹头脊	类型	纹头脊
地址	北新街1号民居	地址	唐市某民居
现状照片		现状照片	
备注	屋脊两端石作		
类型	纹头脊	类型	纹头脊
做法	屋脊两端石作	做法	五开间，插脊做法，正脊不到山墙
地址	唐市某民居	地址	庙弄钱宅
现状照片		现状照片	
类型	哺龙脊	地址	虞阳里2号民居
现状照片		测绘图纸	
类型	哺龙脊		
地址	四丈湾范宅	地址	新建路10号民居
现状照片		现状照片	

续表

类型	雌毛脊	类型	雌毛脊
地址	四丈湾范宅	地址	甸桥村某民居
现状照片		现状照片	
备注	弯势自定,脊端下垫长铁板		
类型	雌毛脊	地址	唐市中心街某民居
现状照片		备注	插脊做法,正脊不到山墙
类型	普通屋脊	类型	普通屋脊
地址	和平街45号民居	地址	唐市某民居
现状照片		现状照片	
备注	游脊		
类型	屋脊中心有装饰,游脊	类型	插脊,正脊不到两侧山墙
地址	唐市某民居	地址	山前街祠堂
现状照片		现状照片	

16. 发戗

类型	水戗发戗	类型	水戗发戗
地址	原城隍庙建筑	地址	南泾堂18号民居
现状照片		现状照片	
备注	出檐椽上部不设飞椽		
类型	嫩戗发戗		
地址	山前街祠堂	做法	出檐椽上部设飞椽
现状照片			

17. 牌科

类型	柱头科	地址	山前街祠堂
规格	斗面宽215毫米，斗底宽160毫米，斗高115毫米；升面宽90毫米，升底宽52毫米，升高46毫米	做法	五七式；五出参，第一级为215毫米，第二级为100毫米。
现状照片		测绘图纸	

续表

类型	柱头科	地址	缪家湾18号门厅
规格	升面宽110毫米，升底宽70毫米，升高70毫米	做法	五七式升；无斗，直接从柱身插出；五出参，第一级为164毫米，第二级为128毫米
现状照片		测绘图纸	

类型	柱头科	地址	虹桥下塘25号民居
规格	升面宽83毫米，升底宽64毫米，升高60毫米	做法	五七式升；无斗，直接从柱身插出；五出参，第一级为250毫米，第二级为76毫米
现状照片		测绘图纸	

类型	角科	类型	角科
地址	山前街祠堂	地址	和平街45号民居
现状照片		现状照片	

类型	角科	地址	南泾堂18号民居
现状照片		测绘图纸	

18. 装折——门

类型	门		
做法	由实木板相拼而成	地址	山塘泾岸31号民居
现状照片		测绘图纸	
备注	门宽0.78米，高2.23米，门槛高0.13米		
类型	门		
做法	由实木板相拼而成	地址	唐市中心街杨宅
现状照片		测绘图纸	
备注	单扇门宽0.5米，高2.4米		

续表

类型	门		
做法	由实木板相拼而成	地址	和平街45号民居
现状照片		测绘图纸	
备注	位于前轩廊下，门宽0.7米，高1.9米，门槛高0.23米		
类型	门		
地址	唐市中心街111号民居		
现状照片		现状照片	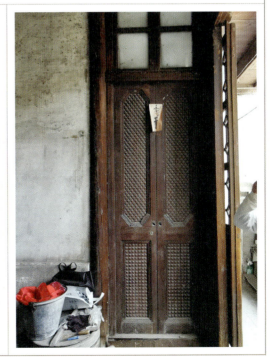

19. 装折——库门

类型	石库门	类型	石库门
地址	唐市中心街 26、28 号民居	地址	庙弄钱宅
现状照片		现状照片	
		备注	门上门头

类型	石库门
地址	南泾堂 78 号民居
现状照片	
备注	上部雕花装饰

类型	库门
地址	寺后街 16 号民居
现状照片	
测绘图纸	
备注	门总高 2.64 米，总宽 1.64 米

续表

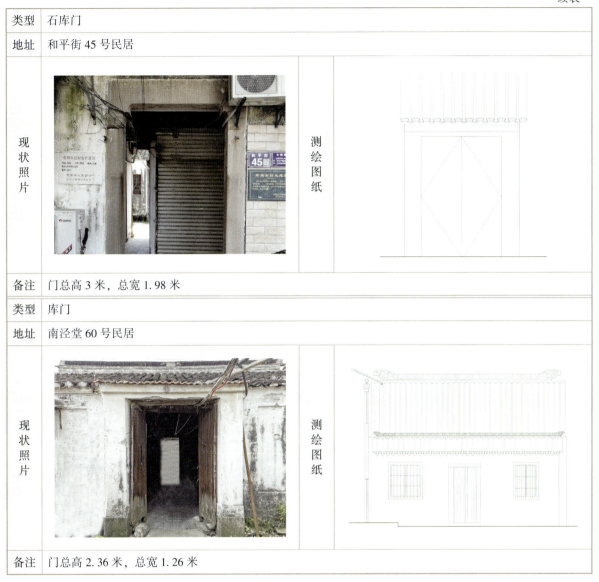

类型	石库门
地址	和平街 45 号民居
现状照片	测绘图纸
备注	门总高 3 米，总宽 1.98 米
类型	库门
地址	南泾堂 60 号民居
现状照片	测绘图纸
备注	门总高 2.36 米，总宽 1.26 米

20. 装折——窗

类型	长窗	地址	和平街 45 号民居
现状照片		测绘图纸	
备注	门槛高 0.21 米，单扇长窗尺寸为 0.45 米×2.8 米。通长落地，一宕为六扇		

续表

类型	长窗	地址	和平街 45 号民居
现状照片		测绘图纸	
备注	门槛高 0.21 米，单扇长窗尺寸为 0.45 米×2.8 米。通长落地，一宕为六扇		
类型	长窗	类型	长窗
地址	虹桥下塘 3 号民居	地址	庙弄钱宅
现状照片		现状照片	
备注	类似万字宫式长窗，起面线脚为亚木角	备注	万字钩头葵式长窗，起面线脚为亚面，位于正间廊柱
类型	长窗	类型	长窗
地址	健康巷 10 号民居	地址	南泾堂 18 号民居
现状照片		现状照片	
		备注	万字宫式长窗，起面线脚为亚面，位于正间步柱

续表

类型	长窗		地址	虞阳里 4 号民居
现状照片		测绘图纸		
备注	单扇窗尺寸为 3.2 米×0.64 米。外开万字宫式长窗，起面线脚为平面，位于正间廊柱			
现状照片		测绘图纸		
备注	单扇窗尺寸为 0.56 米×2.7 米，外开花窗长窗，面线脚为平面，位于正间廊柱			
类型	长窗		地址	南泾堂 60 号民居
现状照片				

续表

类型	长窗	地址	原城隍庙建筑
现状照片		测绘图纸	

类型	长窗	类型	长窗
地址	浒浦刘宅	地址	新都大戏院旧址东侧民居
现状照片		现状照片	

类型	长窗	类型	长窗
地址	山前街祠堂	地址	北新街1号民居
现状照片		现状照片	

续表

类型	长窗	地址	唐市金桩浜陈宅
现状照片		测绘图纸	

类型	短窗	地址	南泾堂78号民居
现状照片		测绘图纸	
备注	八角景短窗样式，半窗，位于次间		

类型	短窗		地址	新建路 10 号民居
现状照片			备注	内心仔图案为类似万字宫式
类型	短窗			
地址	常熟县邮电局唐市支局		地址	唐市中心街某民居
现状照片			现状照片	
			备注	类八角景样式短窗，采用彩色玻璃
类型	短窗		地址	浒浦刘宅
现状照片				
备注	短窗，上下槛处有葫芦装饰			

续表

类型	短窗	类型	短窗
地址	庙弄钱宅	地址	虞阳里2号民居
现状照片		现状照片	
备注	半窗，位于次间	备注	上设横风窗，半窗，位于次间
类型	木窗	地址	唐市中心街陈宅
现状照片		测绘图纸	
备注	单扇尺寸为0.4米×0.8米		
类型	木窗	地址	唐市中心街杨宅
现状照片		测绘图纸	
备注	单扇尺寸为0.38米×1.15米		

续表

类型	木窗	类型	木窗
地址	四丈湾 12 号民居	地址	四丈湾 39、41 号民居
现状照片		现状照片	
类型	木窗	类型	木窗
地址	唐市中心街 89 号民居	地址	北新街 1 号民居
现状照片		现状照片	
类型	矮闼	地址	唐市仁和医院旧址
现状照片		测绘图纸	
备注	木窗尺寸为 0.85 米×1.15 米，木门尺寸为 0.85 米×2.2 米		

续表

类型	矮闼	类型	矮闼
地址	缪家湾 2 号民居	地址	唐市中心街 76 号民居
现状照片		现状照片	

类型	矮闼	地址	唐市中心街 157 号民居
现状照片			

21. 装折——栏杆

类型	栏杆	地址	和平街 45 号民居
现状照片		测绘图纸	
备注	栏杆高 0.84 米，间距 0.14 米		

续表

类型	栏杆	地址	虞阳里4号民居
现状照片		测绘图纸	
备注	栏杆高0.96米，间距0.12米		
类型	栏杆	地址	唐市金桩浜陈宅
现状照片		测绘图纸	
备注	栏杆高0.8米，间距0.2米		
类型	栏杆	地址	唐市金桩浜陈宅
现状照片		测绘图纸	
备注	栏杆高0.9米，间距0.2米，宫式万川栏杆		

续表

类型	楼梯栏杆	地址	午桥弄 28 号民居
现状照片		测绘图纸	
备注	栏杆高 620 毫米，平台栏杆间距 72 毫米，梯段间距 123 毫米		
类型	楼梯栏杆	地址	君子弄 47 号民居
现状照片		测绘图纸	
备注	栏杆高 940 毫米，栏杆间距为 95 毫米		
类型	楼梯栏杆	地址	虞阳里 2 号民居
现状照片		测绘图纸	
备注	栏杆高 950 毫米，栏杆间距 140 毫米		

续表

类型	楼梯栏杆	地址	常熟县邮电局唐市支局
现状照片			

22. 装折——挂落

类型	挂落	地址	和平街 45 号民居
现状照片		测绘图纸	
备注	挂落长 3300 毫米，宽 450 毫米，中部有特殊花纹		
类型	挂落	地址	虞阳里 4 号民居
现状照片		测绘图纸	
备注	栏杆高 0.96 米，间距 0.12 米		

续表

类型	挂落	类型	挂落
地址	四丈湾周宅	地址	唐市金桩浜陈宅
现状照片	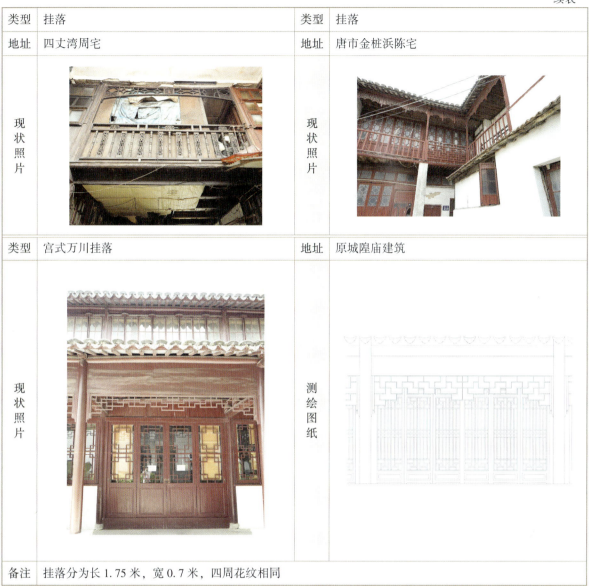	现状照片	
类型	宫式万川挂落	地址	原城隍庙建筑
现状照片		测绘图纸	
备注	挂落分为长 1.75 米，宽 0.7 米，四周花纹相同		

23. 装饰

类型	山雾云、抱梁云	类型	山雾云、抱梁云
地址	粉皮街 15 号民居	地址	君子弄 47 号民居
现状照片		现状照片	

续表

类型	轩梁木雕	地址	粉皮街 15 号民居
现状照片			
类型	蒲鞋头云头	地址	和平街 45 号民居
现状照片		测绘图纸	
类型	蒲鞋头云头	地址	缪家湾 18 号民居
现状照片		测绘图纸	
类型	蒲鞋头云头	地址	浒浦刘宅
现状照片			

类型	梁垫短机木雕	类型	梁垫短机木雕
地址	和平街45号民居	地址	缪家湾18号民居
现状照片		现状照片	
类型	栏杆装饰	类型	通风口装饰
地址	和平街45号民居	地址	和平街45号民居
现状照片		现状照片	
类型	通风口装饰	类型	柱础石刻
地址	浒浦刘宅	地址	和平街45号民居
现状照片		现状照片	
类型	库门石刻	类型	排水口装饰
地址	南泾堂78号民居	地址	南泾堂78号民居
现状照片		现状照片	

附录二　西式混合结构建筑特色

1. 基本情况

类型	整体外观	地址	新都大戏院旧址
现状照片	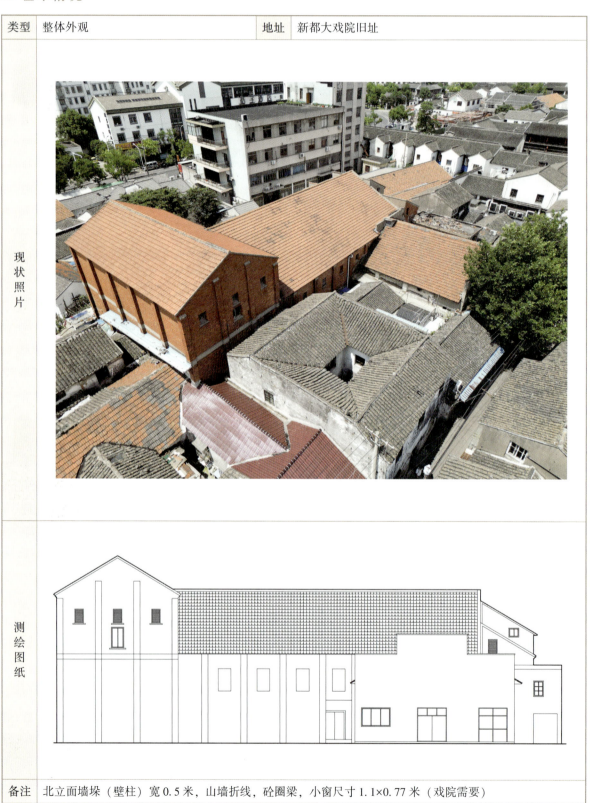		
测绘图纸			
备注	北立面墙垛（壁柱）宽0.5米，山墙折线，砼圈梁，小窗尺寸1.1×0.77米（戏院需要）		

类型	整体外观	地址	六房湾18、18-1号民居

现状照片	
测绘图纸	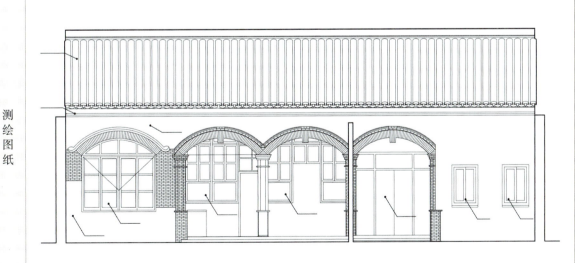
备注	硬山顶，扇形拱，内拱宽2.4米，墙厚为规准砖做法，走砖式，有砖砌柱头、砖砌柱顶石室内也有线脚正六边形砖柱子，边长尺寸0.15米

续表

类型	整体外观	地址	老三星副食品商店、和平理发店旧址
现状照片			
测绘图纸			
备注	外廊骑楼，屋顶形式：硬山顶、廊柱尺寸 0.4 米×0.4 米；柱廊长度 21.8 米，柱廊进深 2.7 米，高度 3.4 米，高度与进深之比约为 1.26		

续表

| 类型 | 整体外观 | 地址 | 老三星副食品商店、和平理发店旧址 |

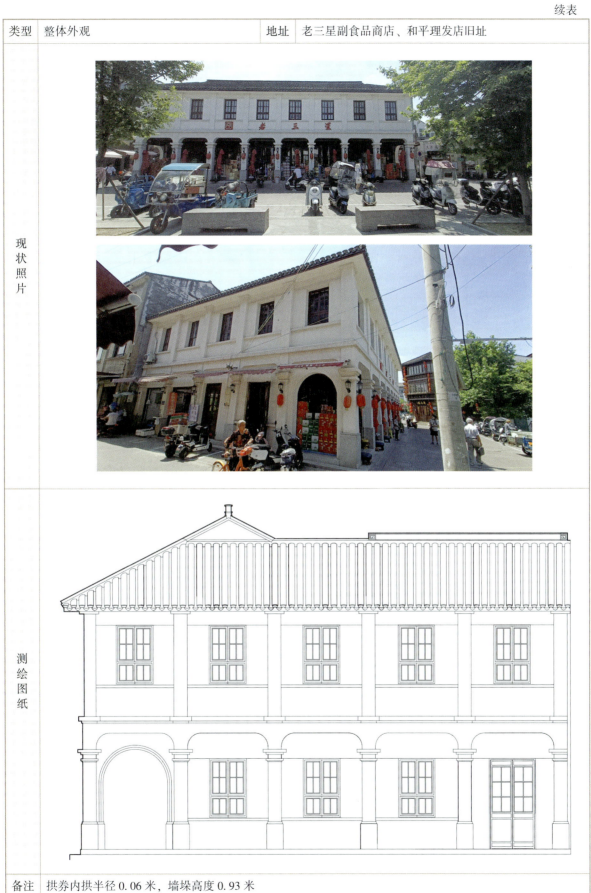

现状照片	
测绘图纸	
备注	拱券内拱半径 0.06 米，墙垛高度 0.93 米

类型	整体外观	地址	福民医院旧址
现状照片	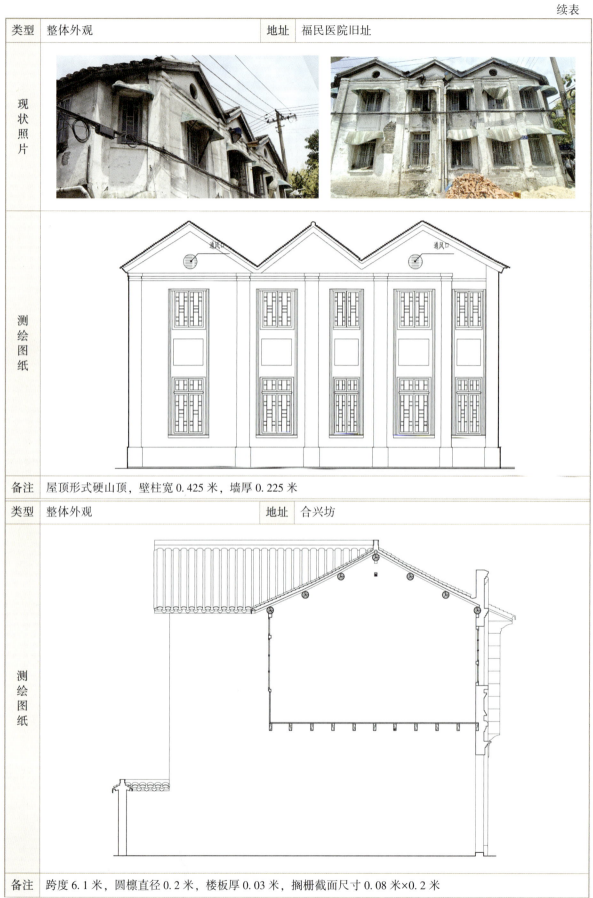		
测绘图纸			
备注	屋顶形式硬山顶，壁柱宽 0.425 米，墙厚 0.225 米		
类型	整体外观	地址	合兴坊
测绘图纸			
备注	跨度 6.1 米，圆檩直径 0.2 米，楼板厚 0.03 米，搁栅截面尺寸 0.08 米×0.2 米		

续表

类型	整体外观	地址	预和医院旧址

现状照片	
测绘图纸	
备注	七开间，空间格局复杂

类型	整体外观	地址	寺后街 32 号民居
现状照片		测绘图纸	
备注	立面外廊长 10 米，进深 1.4 米，廊柱尺寸 0.5 米，开间比例 1∶1∶1		
类型	整体外观	地址	南泾堂 78 号民居
测绘图纸			
备注	包含装饰线脚的立面壁柱		

续表

类型	整体外观	地址	焦桐街强宅

测绘图纸	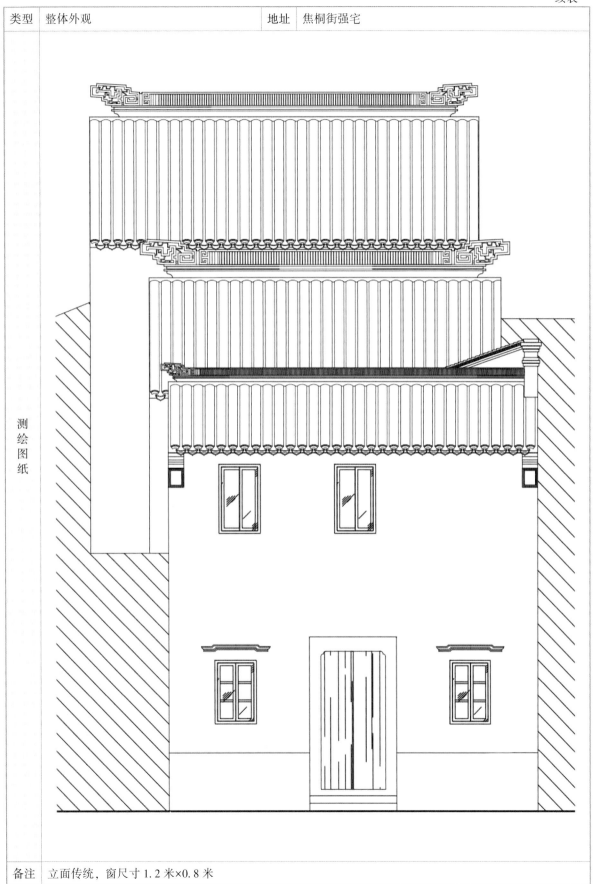

备注	立面传统，窗尺寸1.2米×0.8米

附 录

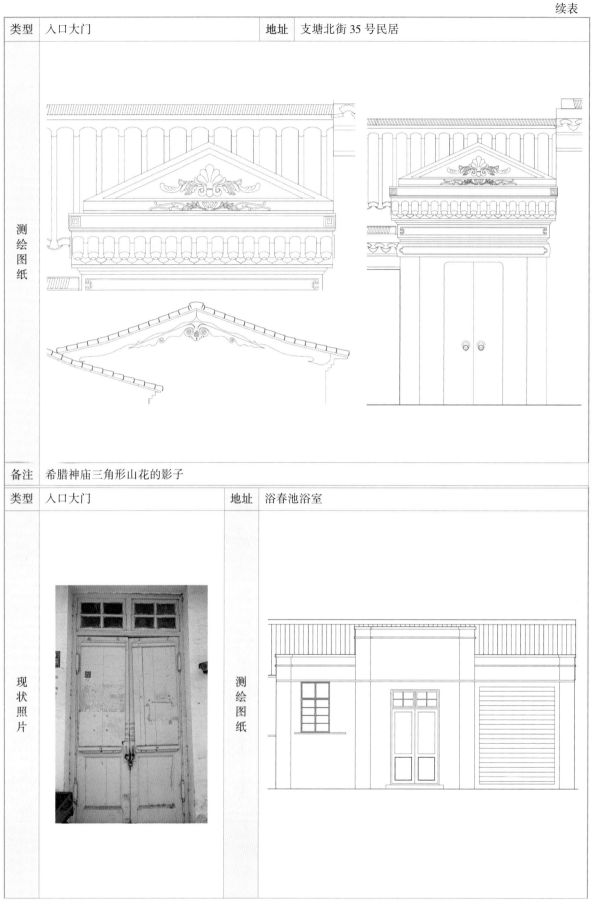

类型	入口大门	地址	支塘北街 35 号民居
测绘图纸			
备注	希腊神庙三角形山花的影子		
类型	入口大门	地址	浴春池浴室
现状照片		测绘图纸	

续表

类型	天井（庭院）整体	地址	君子弄47号民居
现状照片			
测绘图纸			
备注	这种天井天窗做法在常熟出现不止一次		

续表

类型	天井（庭院）整体	地址	福民医院旧址
现状照片	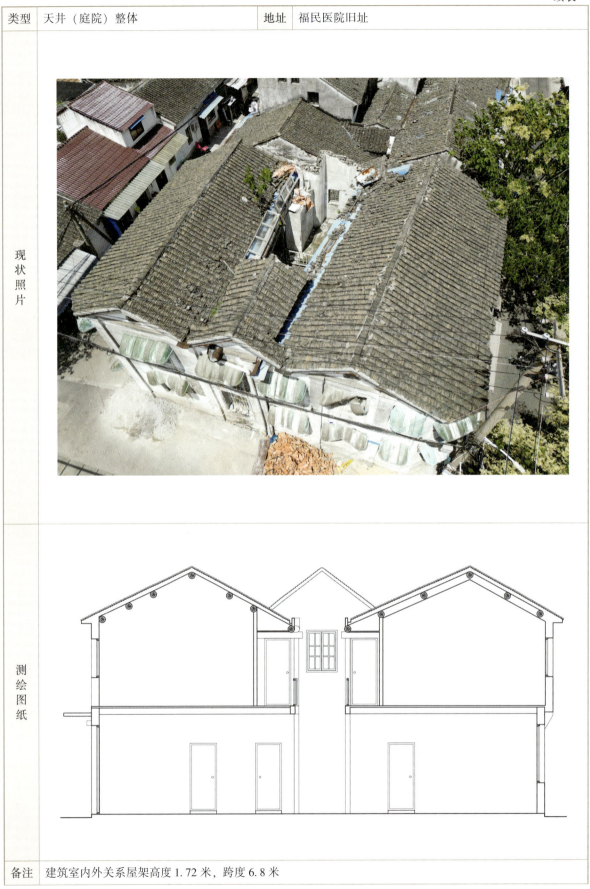		
测绘图纸			
备注	建筑室内外关系屋架高度 1.72 米，跨度 6.8 米		

续表

类型	天井（庭院）整体	地址	寺后街 32 号民居
测绘图纸	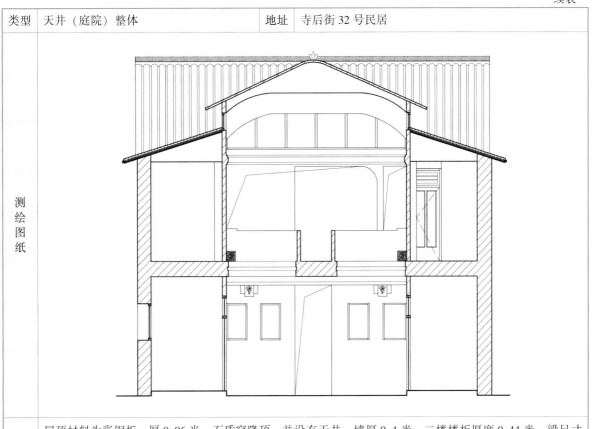		
备注	屋顶材料为彩钢板，厚 0.06 米，石质穹隆顶，并设有天井，墙厚 0.4 米，二楼楼板厚度 0.44 米，梁尺寸 0.25 米×0.62 米，开间比例 1∶2∶1		
类型	总平面	地址	预和医院旧址
测绘图纸	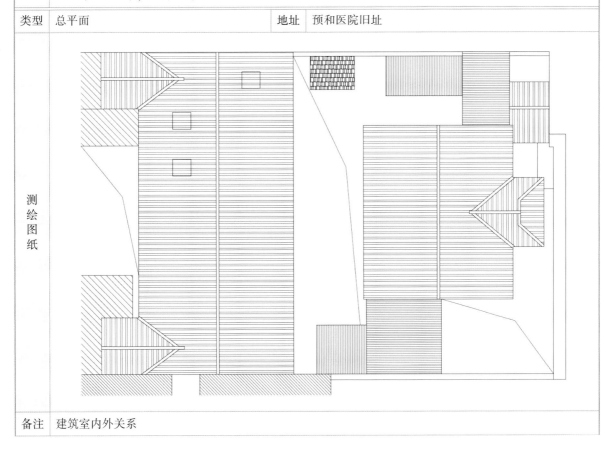		
备注	建筑室内外关系		

类型	总平面	地址	浴春池浴室
现状照片	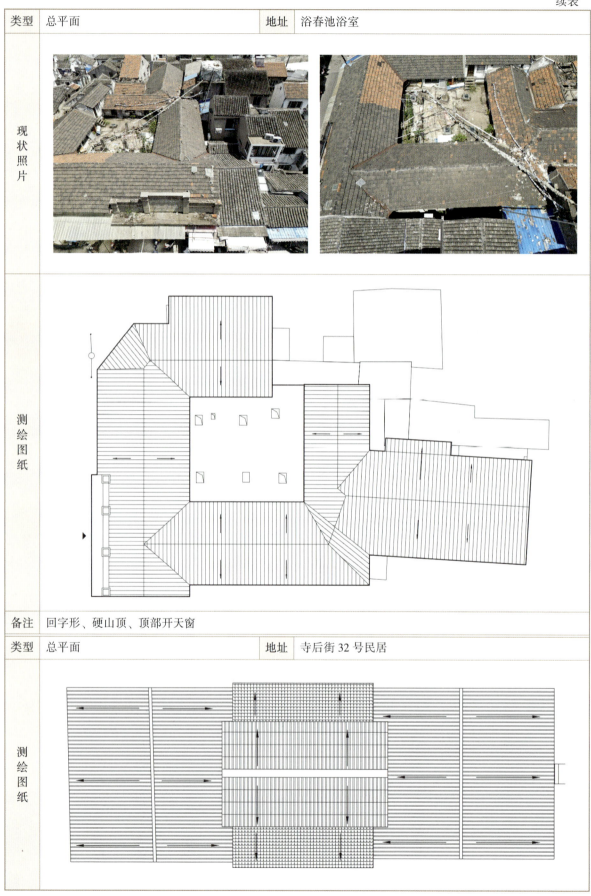		
测绘图纸			
备注	回字形、硬山顶、顶部开天窗		

类型	总平面	地址	寺后街 32 号民居
测绘图纸			

2. 平面布局

类型	平面格局	地址	六房湾 18、18-1 号民居
测绘图纸	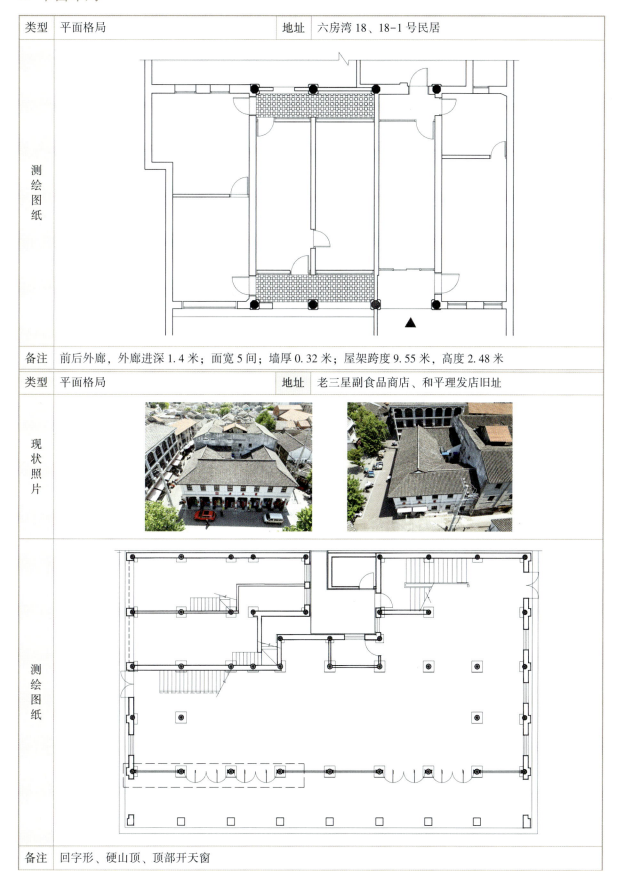		
备注	前后外廊，外廊进深 1.4 米；面宽 5 间；墙厚 0.32 米；屋架跨度 9.55 米，高度 2.48 米		
类型	平面格局	地址	老三星副食品商店、和平理发店旧址
现状照片			
测绘图纸			
备注	回字形、硬山顶、顶部开天窗		

续表

类型	平面格局	地址	预和医院旧址
现状照片	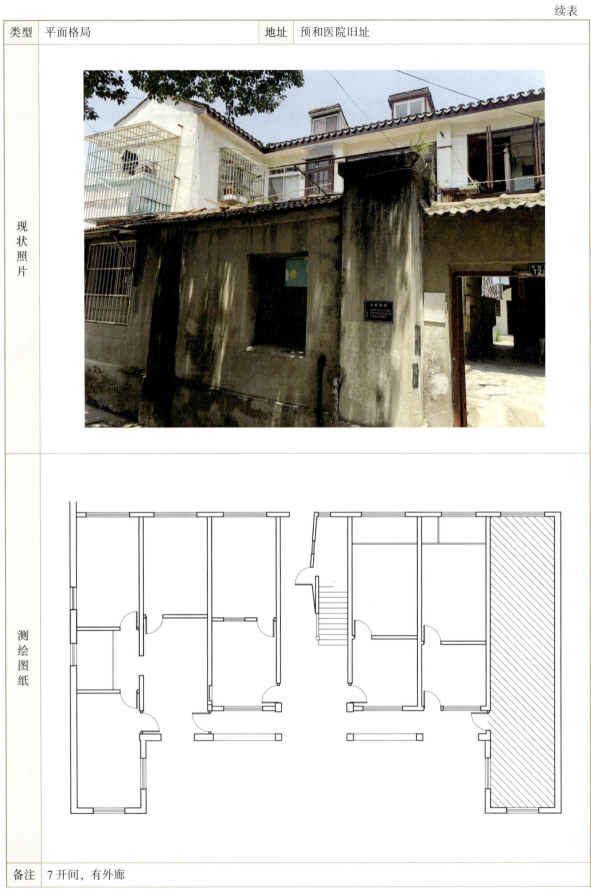		
测绘图纸			
备注	7开间，有外廊		

续表

| 类型 | 平面格局 | 地址 | 浴春池浴室 |

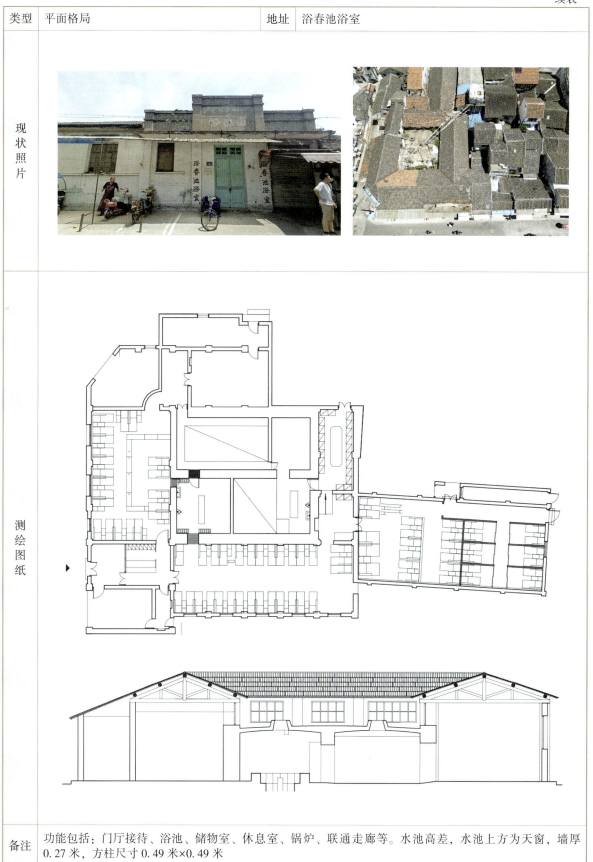

现状照片	
测绘图纸	
备注	功能包括：门厅接待、浴池、储物室、休息室、锅炉、联通走廊等。水池高差，水池上方为天窗，墙厚0.27米，方柱尺寸0.49米×0.49米

续表

类型	平面格局	地址	福民医院旧址
测绘图纸	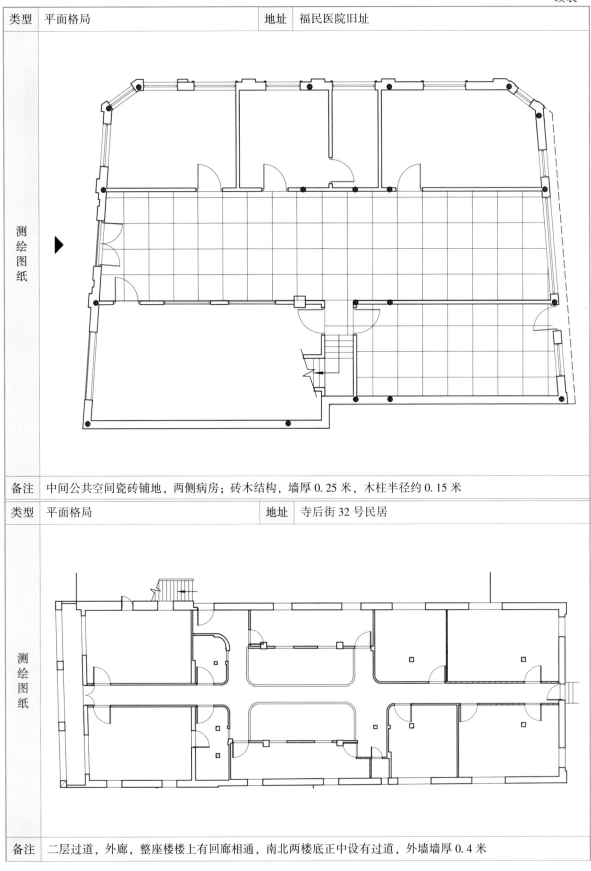		
备注	中间公共空间瓷砖铺地，两侧病房；砖木结构，墙厚0.25米，木柱半径约0.15米		
类型	平面格局	地址	寺后街32号民居
测绘图纸			
备注	二层过道，外廊，整座楼楼上有回廊相通，南北两楼底正中设有过道，外墙墙厚0.4米		

续表

类型	地面构造	做法	瓷砖铺地，方形瓷砖尺寸90毫米×90毫米；正六边形砖柱，边长尺寸150毫米
地址	六房湾18、18-1号民居		
测绘图纸	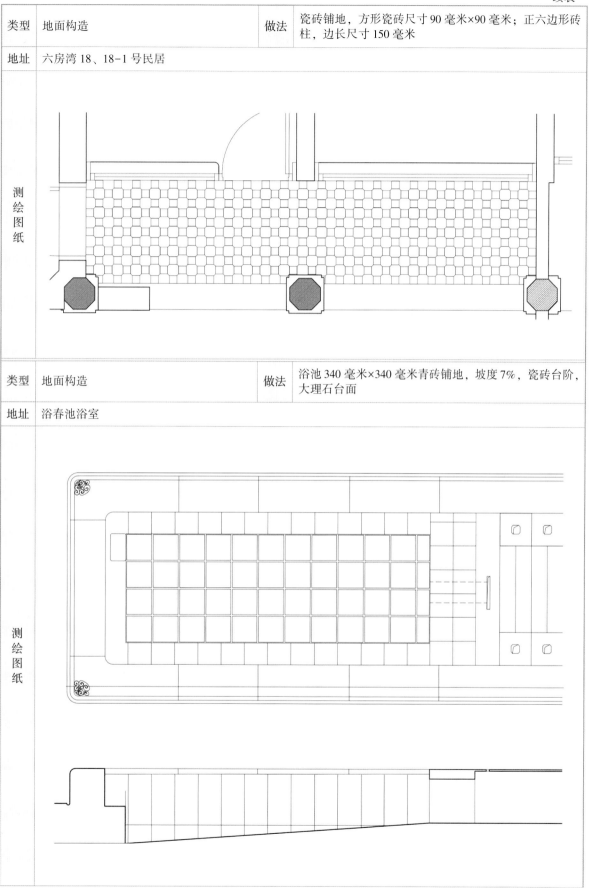		

类型	地面构造	做法	浴池340毫米×340毫米青砖铺地，坡度7%，瓷砖台阶，大理石台面
地址	浴春池浴室		

类型	地面构造	做法	铺地 240 毫米×120 毫米
地址	合兴坊		
测绘图纸	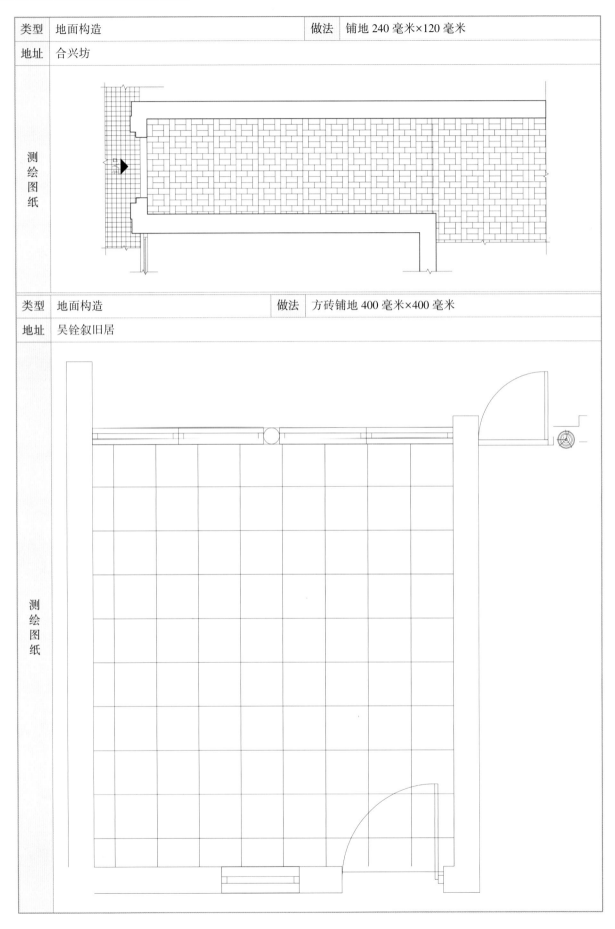		

类型	地面构造	做法	方砖铺地 400 毫米×400 毫米
地址	吴铨叙旧居		
测绘图纸			

3. 墙体

类型	砖块尺寸	类型	砖块尺寸
做法	250 毫米×200 毫米×100 毫米，灰缝 10 毫米	做法	
地址	义庄弄倪宅	地址	福民医院旧址
现状照片		现状照片	
类型	砖块尺寸	类型	砖块尺寸
做法	50 毫米×120 毫米×60 毫米	做法	50 毫米×210 毫米×105 毫米
地址	六房湾 18、18-1 号民居	地址	红桥
现状照片		现状照片	

续表

类型	砖块尺寸	类型	砖块尺寸
做法	35毫米×210毫米×105毫米，灰缝10毫米	做法	25毫米×100毫米×205毫米，灰缝5毫米
地址	合兴坊	地址	福民医院旧址
现状照片		现状照片	
类型	门窗拱券	地址	六房湾18、18-1号民居
现状照片		测绘图纸	
类型	门窗拱券	做法	扇形拱券，有柱头、拱顶石，走砖式砌法，半圆拱券
地址	中巷72号民居		
测绘图纸			

244

续表

类型	门窗拱券	地址	合兴坊
现状照片		测绘图纸	

类型	门窗拱券	做法	三（四）心拱券，柱头装饰
地址	义庄弄倪宅		
现状照片		测绘图纸	

类型	门窗拱券	地址	君子弄47号民居
测绘图纸			

续表

类型	墙基通风口	类型	墙基通风口
地址	预和医院旧址	地址	预和医院旧址
现状照片		现状照片	

类型	墙基通风口	地址	福民医院旧址
现状照片			

类型	墙基防潮构造	类型	墙基防潮构造
地址	福民医院旧址	地址	义庄弄倪宅
现状照片		现状照片	

类型	墙基防潮构造	类型	墙基防潮构造
地址	唐市金桩浜陈宅	地址	福民医院旧址
现状照片		现状照片	

续表

类型	表面装饰工艺	类型	表面装饰工艺
做法	墙面拉毛	做法	水磨石
地址	浴春池浴室南侧君子弄 28-3 号	地址	老三星副食品商店
现状照片		现状照片	

类型	表面装饰工艺	做法	水刷石
地址	老三星副食品商店、和平理发店		
现状照片			

4. 屋架

类型	屋架结构	类型	屋架结构
地址	新都大戏院旧址	地址	徐市西街 8—10 号民居
测绘图纸		测绘图纸	
备注	最大跨度 17.18 米	备注	国王桁架，跨度 6.5 米，圆檩直径 150 毫米

类型	屋架结构	地址	老三星副食品商店、和平理发店旧址
现状照片		测绘图纸	
备注	屋顶跨度8.91米，抬梁、穿斗结合		
类型	屋面构造	类型	屋面构造
地址	南泾堂78号民居	地址	寺后街32号民居
测绘图纸		测绘图纸	
备注	屋架跨度5.76米，圆檩直径0.16米，面坡度3∶5	备注	彩钢屋面
类型	屋面构造	类型	屋面构造
地址	浴春池浴室	地址	新都大戏院旧址
测绘图纸		现状照片	
备注	机制瓦，瓦宽150毫米	备注	红瓦

续表

类型	檐口	类型	檐口
地址	义庄弄倪宅	地址	老三星副食品商店、和平理发店旧址
现状照片		现状照片	
类型	檐口	地址	福民医院旧址
现状照片			
类型	排水构造	类型	排水构造
地址	君子弄47号民居	地址	寺后街32号民居
测绘图纸		测绘图纸	
类型	排水构造	地址	浴春池浴室
测绘图纸			
备注	温水池排水沟半径20毫米，热水池排水孔半径91毫米		

5. 木构

类型	木楼梯	类型	木楼梯
地址	义庄弄倪宅	地址	唐市金桩浜陈宅
测绘图纸	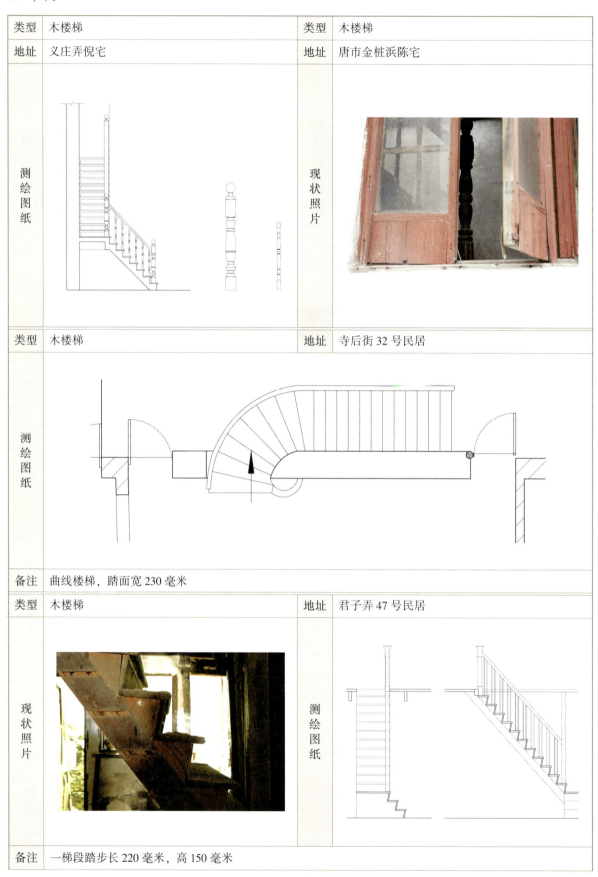	现状照片	

类型	木楼梯	地址	寺后街 32 号民居
测绘图纸			
备注	曲线楼梯，踏面宽 230 毫米		

类型	木楼梯	地址	君子弄 47 号民居
现状照片		测绘图纸	
备注	一梯段踏步长 220 毫米，高 150 毫米		

续表

类型	木楼梯	类型	木楼梯
地址	南泾堂78号民居	地址	午桥弄23号民居
测绘图纸	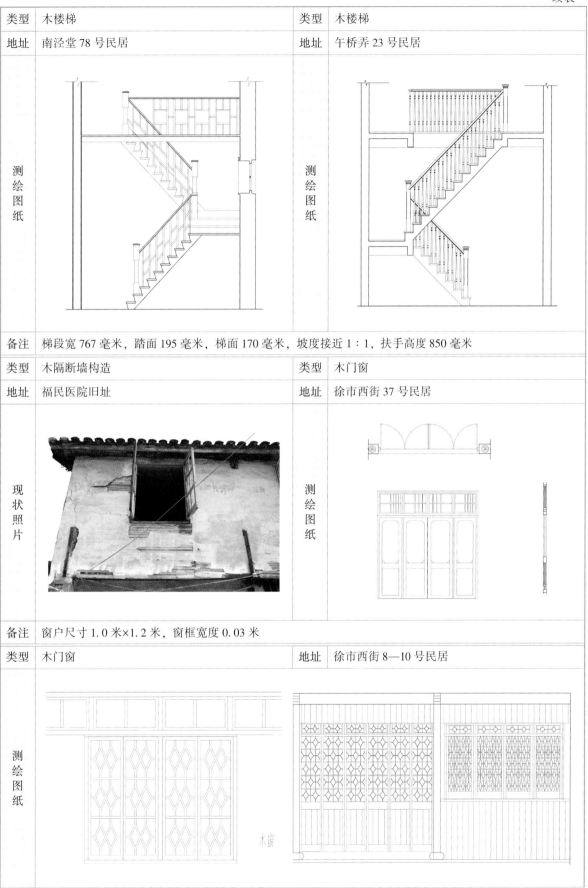	测绘图纸	
备注	梯段宽767毫米,踏面195毫米,梯面170毫米,坡度接近1:1,扶手高度850毫米		
类型	木隔断墙构造	类型	木门窗
地址	福民医院旧址	地址	徐市西街37号民居
现状照片		测绘图纸	
备注	窗户尺寸1.0米×1.2米,窗框宽度0.03米		
类型	木门窗	地址	徐市西街8—10号民居
测绘图纸			

续表

类型	木门窗	地址	南泾堂 78 号民居
测绘图纸	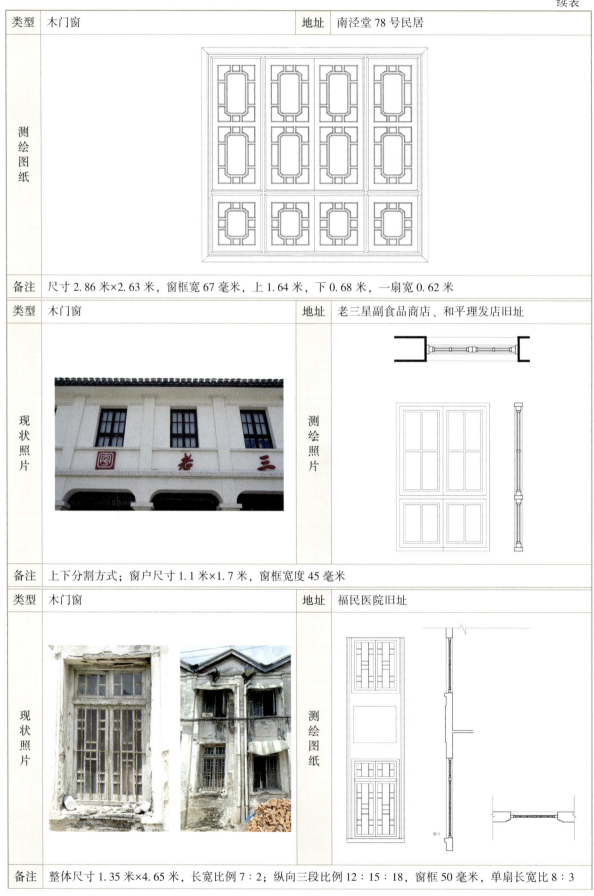		
备注	尺寸 2.86 米×2.63 米，窗框宽 67 毫米，上 1.64 米，下 0.68 米，一扇宽 0.62 米		
类型	木门窗	地址	老三星副食品商店、和平理发店旧址
现状照片		测绘照片	
备注	上下分割方式；窗户尺寸 1.1 米×1.7 米，窗框宽度 45 毫米		
类型	木门窗	地址	福民医院旧址
现状照片		测绘图纸	
备注	整体尺寸 1.35 米×4.65 米，长宽比例 7∶2；纵向三段比例 12∶15∶18，窗框 50 毫米，单扇长宽比 8∶3		

续表

类型	木门窗	地址	焦桐街强宅
测绘图纸			

类型	木门窗	地址	青禾家桥一弄2号民居
测绘图纸			

类型	木门窗	地址	唐市金桩浜陈宅
现状照片		测绘图纸	
备注	单扇窗长宽比例约5∶1		

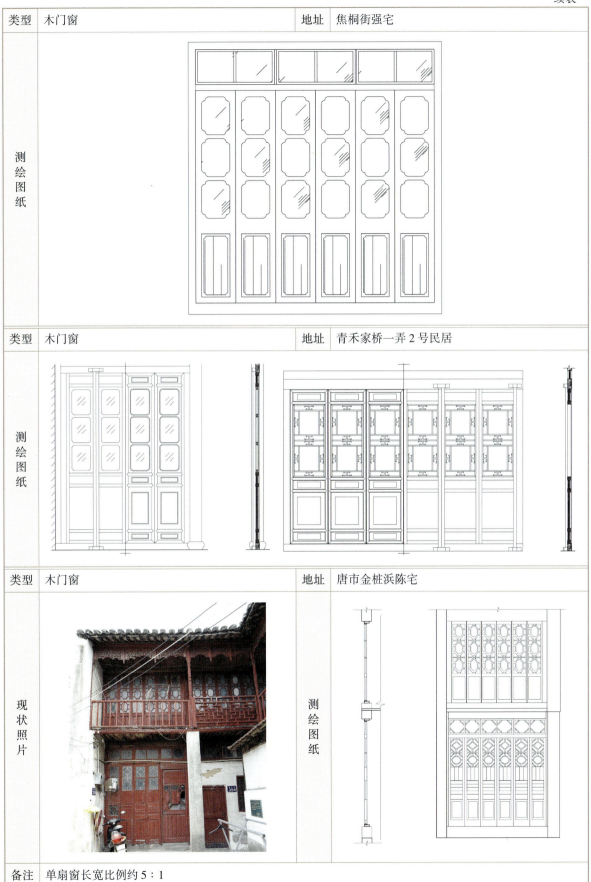

续表

类型	木门窗	地址	唐市金桩浜3号民居
现状照片		测绘图纸	
备注	彩色玻璃		

类型	挂落	地址	唐市金桩浜陈宅
现状照片		测绘图纸	

类型	油漆栏杆	地址	预和医院旧址
测绘图纸			

6. 装饰

类型	木雕装饰	地址	义庄弄倪宅
测绘图纸			

类型	特殊装饰	地址	寺后街32号民居
测绘照片			
备注	雕刻装饰		

类型	特殊装饰	地址	浴春池浴室
测绘图纸			
备注	温水池角部地面雕刻装饰		

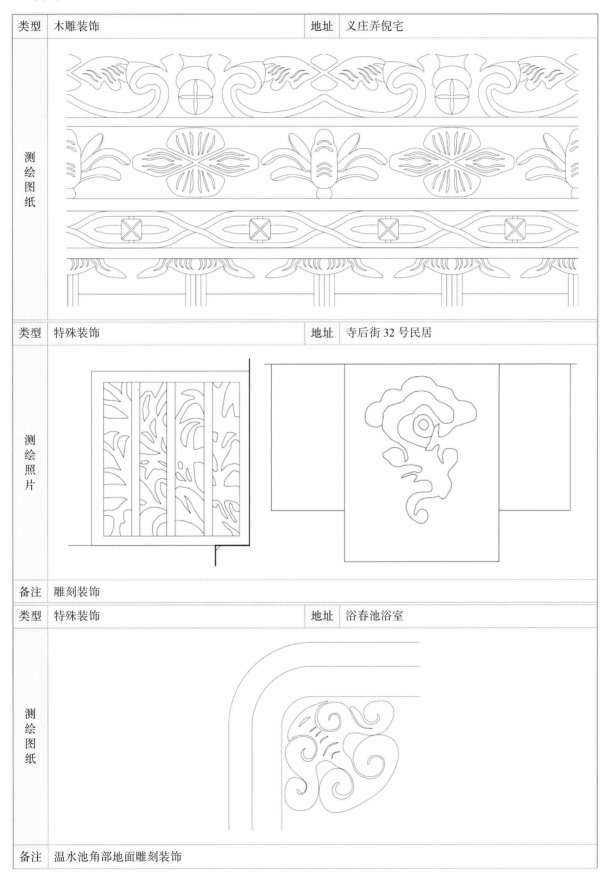

续表

类型	特殊装饰	地址	寺后街 32 号民居
测绘图纸	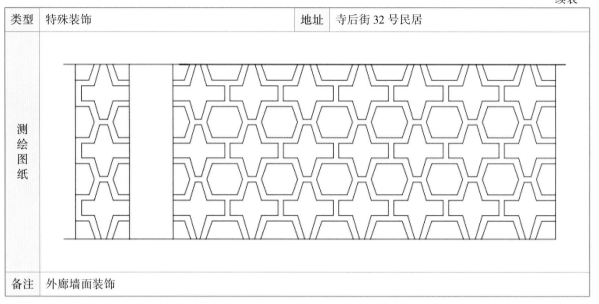		
备注	外廊墙面装饰		

附录三 构筑物

类型	石牌坊	地址	甸桥村石牌坊
现状照片		测绘图纸	
备注	高约 5.44 米,宽 5.07 米,原有左右两侧承斗拱,左右各三攒,右侧承斗拱已损毁丢失		
类型	石牌坊	类型	石牌坊
地址	狄家祠堂牌坊	地址	冯班墓石牌坊
现状照片		测绘图纸	
备注	狄家祠堂牌坊上刻有云状雕花,字迹已经斑驳难以辨认	备注	冯班墓石牌坊高 3.65 米,宽 2.3 米,其坊柱和坊额等保存完好,坊额上所镌刻"高山仰止"四字清晰易辨

续表

类型	砖石桥	地址	孝义桥
现状照片	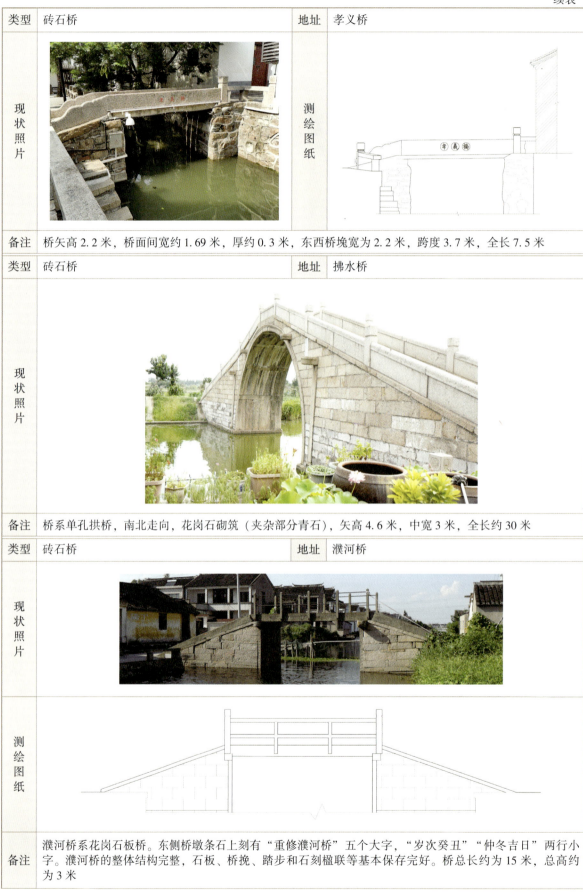	测绘图纸	
备注	桥矢高 2.2 米，桥面间宽约 1.69 米，厚约 0.3 米，东西桥堍宽为 2.2 米，跨度 3.7 米，全长 7.5 米		

类型	砖石桥	地址	拂水桥
现状照片			
备注	桥系单孔拱桥，南北走向，花岗石砌筑（夹杂部分青石），矢高 4.6 米，中宽 3 米，全长约 30 米		

类型	砖石桥	地址	濮河桥
现状照片			
测绘图纸			
备注	濮河桥系花岗石板桥。东侧桥墩条石上刻有"重修濮河桥"五个大字，"岁次癸丑""仲冬吉日"两行小字。濮河桥的整体结构完整，石板、桥挽、踏步和石刻楹联等基本保存完好。桥总长约为 15 米，总高约为 3 米		

续表

类型	砖石桥	地址	支塘虹桥

现状照片	

测绘图片	

备注	支塘虹桥，东西走向，系花岗岩石板桥。桥总长约为13米，矢高2.5米，桥面原铺以木板，今由3块石板拼铺而成，宽1.6米，东西桥境宽约2.5米，跨径5.9米，全长约14米。两境共设22级踏步。虹桥的整体结构保存基本完整，墩基和踏步等都保存完好

类型	砖、砼圬工拱桥	地址	新胜桥

现状照片	

测绘图纸	

备注	双曲砼拱券红砖敞肩拱桥，东西走向，跨径20.7米，矢高4米，宽2.52米，桥两端各有21级水泥台阶，台阶两侧为斜坡，每级台阶高0.07米

类型	砖、砼圬工拱桥	地址	沈市反修桥
现状照片	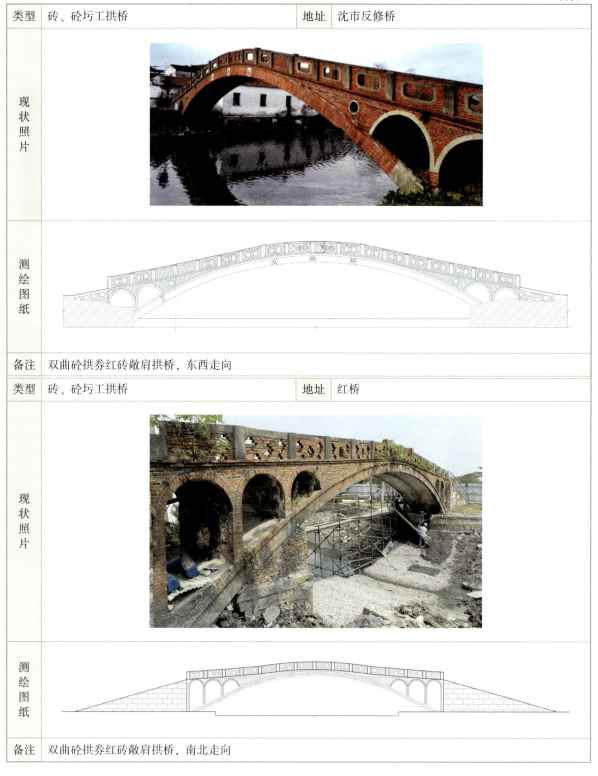		
测绘图纸			
备注	双曲砼拱券红砖敞肩拱桥，东西走向		

类型	砖、砼圬工拱桥	地址	红桥
现状照片			
测绘图纸			
备注	双曲砼拱券红砖敞肩拱桥，南北走向		